Le grand Tableau de l'univers

L'astronomie comme guide pour notre voyage à travers le cosmos

I0504453

Sommaire

Introduction à l'astronomie

Définition de l'astronomie

L'astronomie est la science qui étudie les objets célestes tels que les étoiles, les planètes, les galaxies, les amas stellaires, les nébuleuses et les trous noirs, ainsi que les phénomènes physiques qui les régissent. Elle s'appuie sur les observations réalisées à partir de la Terre ou depuis l'espace, et sur les modèles théoriques qui tentent d'expliquer les observations.

L'astronomie est une discipline ancienne, qui remonte à l'Antiquité. Les premiers astronomes ont observé le mouvement des astres dans le ciel et ont tenté de les expliquer. Au fil des siècles, l'astronomie a connu de nombreuses avancées, notamment grâce à l'invention du télescope et à la théorie de la gravitation universelle d'Isaac Newton. Aujourd'hui, l'astronomie est une science en constante évolution, qui continue d'apporter de nouvelles découvertes et de nouvelles perspectives sur l'Univers.

L'astronomie se divise en plusieurs branches, qui étudient différents aspects de l'Univaers. L'astrophysique, par exemple, étudie les propriétés physiques des objets célestes, telles que leur masse, leur température et leur composition chimique. L'astrochimie, quant à elle, étudie la chimie des objets célestes, tandis que l'astrobiologie s'intéresse à la possibilité de la vie dans l'Univers.

L'astronomie est également une science interdisciplinaire, qui implique des connaissances en physique, en chimie, en mathématiques et en informatique. Les astronomes utilisent des instruments d'observation sophistiqués, tels que les télescopes, les spectrographes et les détecteurs de rayonnement, pour collecter des données sur les objets célestes. Ils utilisent également des modèles théoriques pour expliquer ces données et pour formuler de nouvelles hypothèses.

En somme, l'astronomie est une science passionnante et en constante évolution, qui nous permet de mieux comprendre l'Univers qui nous entoure. Elle nous permet de répondre à des questions fondamentales sur l'origine et l'évolution de l'Univers, et elle ouvre la voie à de nouvelles découvertes et de nouvelles avancées technologiques.

Histoire de l'astronomie

L'histoire de l'astronomie remonte à des milliers d'années, depuis les premiers humains qui ont levé les yeux vers le ciel nocturne et ont commencé à observer les étoiles. Les observations des mouvements apparents des corps célestes ont conduit à la création de calendriers pour suivre les saisons et planifier les activités agricoles.

Cependant, ce n'est qu'à partir de l'Antiquité que l'astronomie a commencé à se développer en tant que discipline scientifique. Les astronomes grecs ont commencé à établir des modèles géocentriques de l'Univers, avec la Terre au centre et les étoiles, les planètes et les autres corps célestes orbitant autour d'elle. Les travaux de Ptolémée, notamment l'Almageste, ont fourni une base solide pour l'astronomie pendant des siècles.

Au Moyen Âge, les astronomes arabes ont continué à développer l'astronomie et ont apporté des contributions importantes dans les domaines de l'observation et de l'instrumentation. Leurs travaux ont également influencé l'Europe médiévale, où l'astronomie était étroitement liée à la religion et à l'astrologie.

Au cours de la Renaissance, la révolution copernicienne a changé la façon dont les astronomes percevaient l'Univers. Nicolaus Copernicus a proposé un modèle héliocentrique de l'Univers, avec le Soleil au centre et les planètes orbitant autour de lui. Cela a été suivi par les travaux de Johannes Kepler et de Galilée, qui ont contribué à établir les lois de la mécanique céleste et ont fourni des preuves observationnelles en faveur du modèle héliocentrique.

Au XVIIIe siècle, l'astronomie s'est étendue pour inclure l'étude des comètes, des étoiles et des galaxies. Les travaux de William Herschel ont conduit à la découverte de l'existence de nombreuses galaxies en dehors de la Voie lactée.

Au XIXe siècle, les astronomes ont commencé à utiliser la spectroscopie pour étudier la composition des étoiles et des galaxies. Les travaux de Joseph Fraunhofer ont conduit à la découverte des raies d'absorption dans le spectre solaire, qui ont été utilisées pour identifier des éléments chimiques dans les étoiles.

Au XXe siècle, l'astronomie a connu une explosion de découvertes grâce à l'utilisation de télescopes de plus en plus grands et de satellites spatiaux. Les travaux d'Edwin Hubble ont conduit à la découverte de l'expansion de l'Univers et à la théorie du Big Bang.

Aujourd'hui, l'astronomie est une discipline avec des avancées majeures dans la compréhension de la formation et de l'évolution des galaxies, des étoiles et des planètes. L'observation des exoplanètes a ouvert de nouvelles perspectives pour la recherche de la vie dans l'Univers, tandis que les ondes gravitationnelles ont fourni une nouvelle façon d'étudier les objets les plus massifs de l'Univers.

Les grands astronomes et leurs découvertes

Nicolaus Copernicus est souvent considéré comme le père de l'astronomie moderne. Il a proposé la théorie héliocentrique, qui affirmait que le Soleil était au centre du système solaire et que les planètes tournaient autour de lui. Cette idée a été révolutionnaire à l'époque car elle contredisait la croyance largement répandue que la Terre était le centre de l'Univers. Copernicus a également introduit le concept de parallaxe, qui a permis de mesurer les distances relatives entre les étoiles.

Galilée Galilée est un autre astronome important qui a révolutionné notre compréhension de l'Univers. Il a été le premier à utiliser la lunette astronomique pour observer les objets célestes. En utilisant cet instrument, il a découvert les lunes de Jupiter, qui ont confirmé la théorie héliocentrique de Copernic. Il a également observé les phases de Vénus, qui ont également soutenu cette théorie. Galilée a également étudié les mouvements des corps en chute libre, qui ont conduit à la formulation de la loi de la chute des corps.

Isaac Newton est considéré comme l'un des plus grands scientifiques de tous les temps. Sa loi de la gravitation universelle explique comment la gravité maintient les planètes en orbite autour du Soleil. Newton a également développé le calcul différentiel et intégral, qui a permis de résoudre des problèmes mathématiques complexes liés à l'astronomie. Grâce à ses travaux, les astronomes ont pu calculer avec précision les orbites des planètes et des comètes.

Charles Messier était un astronome français qui a compilé une liste de plus de 100 objets célestes, connue sous le nom de catalogue Messier. Cette liste comprend des nébuleuses, des amas stellaires et d'autres objets. Messier a créé cette liste pour aider les astronomes à distinguer les objets célestes des comètes, qui peuvent parfois être confondus avec des objets permanents dans le ciel. Le catalogue Messier est toujours utilisé aujourd'hui par les astronomes amateurs pour localiser des objets intéressants dans le ciel nocturne.

Edwin Hubble était un astronome américain qui a fait des découvertes importantes sur la structure de l'Univers. En utilisant le télescope de l'observatoire du Mont Wilson en Californie, Hubble a découvert que les galaxies se déplaçaient loin de nous et les unes des autres, ce qui a conduit à la théorie de l'expansion de l'Univers. Il a également découvert que la lumière de certaines galaxies subissait un décalage vers le rouge, ce qui indique que ces galaxies s'éloignent de nous à une vitesse croissante. Ces découvertes ont été cruciales pour comprendre l'histoire de l'Univers et sa structure à grande échelle.

Dans les années 1960, Jocelyn Bell Burnell a découvert des pulsars, des étoiles à neutrons qui émettent des signaux périodiques. Cette découverte a été une grande surprise pour les astronomes de l'époque et a conduit à une meilleure compréhension de la structure des étoiles à neutrons et de leur rôle dans l'Univers. Les pulsars sont également utilisés comme horloges cosmiques pour mesurer les distances dans l'Univers.

La mission Kepler de la NASA a également apporté des découvertes importantes. Lancée en 2009, cette mission a découvert des milliers d'exoplanètes, c'est-à-dire des planètes orbitant autour d'autres étoiles que le Soleil. Cette découverte a ouvert la voie à la recherche de la vie extraterrestre et a également aidé les astronomes à mieux comprendre la formation et l'évolution des systèmes planétaires. La mission Kepler a également permis de découvrir des planètes de la taille de la Terre, qui sont susceptibles d'avoir des conditions similaires à celles de notre planète.

Outre ces grands noms de l'histoire de l'astronomie, de nombreux autres astronomes ont également apporté des contributions importantes. Johannes Kepler a découvert que les planètes se déplacent en orbites elliptiques autour du Soleil. William Herschel a découvert Uranus et a également établi que la Voie lactée était une galaxie en forme de disque. Caroline Herschel, la sœur de William Herschel, était également une astronome importante qui a découvert plusieurs comètes.

Les principales branches de l'astronomie

L'astronomie est une science complexe et vaste qui peut être divisée en plusieurs branches. Chacune de ces branches se concentre sur des aspects différents de l'étude de l'Univers. Les principales branches de l'astronomie incluent l'astrophysique, la cosmologie, l'astronomie stellaire, l'astronomie galactique, l'astronomie extragalactique et l'astronomie des hautes énergies.

L'astrophysique est l'étude de la physique des objets célestes. Elle se concentre sur la compréhension de la structure et du comportement des étoiles, des galaxies et des objets cosmiques tels que les trous noirs et les étoiles à neutrons. L'astrophysique utilise des outils de la physique pour comprendre la formation et l'évolution de ces objets célestes.

La cosmologie est l'étude de l'Univers dans son ensemble. Elle se concentre sur l'origine, l'évolution et la structure globale de l'Univers. La cosmologie utilise des observations et des modèles pour comprendre les lois fondamentales qui régissent l'Univers. Elle s'intéresse également à des concepts tels que l'inflation, la matière et l'énergie noires, la formation de la structure à grande échelle et l'expansion de l'Univers.

L'astronomie stellaire est l'étude des étoiles. Elle se

concentre sur la classification et les propriétés des étoiles, ainsi que sur leur formation et leur évolution. L'astronomie stellaire comprend également l'étude des supernovae et des étoiles à neutrons.

L'astronomie galactique est l'étude de la structure et de la dynamique de la Voie lactée et des autres galaxies. Elle se concentre sur les étoiles, les gaz et les poussières qui composent les galaxies. L'astronomie galactique s'intéresse également aux mouvements et aux interactions des galaxies, ainsi qu'à la formation et l'évolution des galaxies.

L'astronomie extragalactique est l'étude des objets célestes en dehors de notre propre galaxie. Elle se concentre sur les galaxies, les amas de galaxies, les quasars et les autres objets qui existent en dehors de la Voie lactée. L'astronomie extragalactique utilise des observations pour comprendre la structure et l'évolution de ces objets célestes.

L'astronomie des hautes énergies est l'étude des objets célestes qui émettent des rayonnements électromagnétiques à haute énergie, tels que les rayons X et les rayons gamma. Cette branche de l'astronomie se concentre sur les phénomènes tels que les trous noirs, les pulsars et les supernovae.

En résumé, l'astronomie est une science qui peut être divisée en plusieurs branches, chacune se concentrant sur des aspects différents de l'étude de l'Univers. L'astrophysique, la cosmologie, l'astronomie stellaire, l'astronomie galactique, l'astronomie extragalactique et l'astronomie des hautes énergies sont les principales branches de l'astronomie.

Chacune de ces branches utilise des méthodes d'observation et des outils différents pour comprendre l'Univers, mais elles sont toutes liées et complémentaires. Par exemple, l'astronomie stellaire et l'astronomie galactique sont étroitement liées, car les étoiles jouent un rôle clé dans la formation et l'évolution des galaxies. De même, l'astronomie extragalactique est étroitement liée à la cosmologie, car l'étude des galaxies lointaines peut fournir des informations sur l'expansion de l'Univers.

Il est important de noter que ces branches de l'astronomie ne sont pas statiques, mais plutôt dynamiques. Des découvertes récentes peuvent entraîner l'émergence de nouvelles branches ou une fusion de branches existantes. Par exemple, l'étude des exoplanètes est un domaine en constante évolution qui a connu une croissance rapide ces dernières décennies. De même, l'astronomie des ondes gravitationnelles est une branche relativement nouvelle de l'astronomie qui a été rendue possible par les récentes avancées technologiques dans la détection des ondes gravitationnelles.

Le système solaire

Le Soleil

Le Soleil est une étoile de taille moyenne qui se trouve au centre de notre système solaire. Elle représente environ 99,86% de la masse totale de notre système solaire et sa température à la surface est d'environ 5 500 degrés Celsius.

Le Soleil est une boule de gaz brûlant continuellement, produisant de la lumière et de la chaleur qui sont essentielles à la vie sur Terre. Cette production d'énergie se produit par une réaction de fusion nucléaire, où l'hydrogène est converti en hélium dans le noyau du Soleil.

Le Soleil a une structure en couches, avec une zone centrale où la température et la pression sont suffisamment élevées pour permettre la fusion nucléaire. Cette zone est entourée d'une zone de convection, où la matière chauffée dans le noyau se déplace vers la surface en bouillonnant. La surface visible du Soleil est appelée la photosphère, où la température est d'environ 5 500 degrés Celsius.

Le Soleil est également responsable des phénomènes éruptifs comme les taches solaires, les éjections de masse coronale et les éruptions solaires. Les taches solaires sont des zones sombres sur la surface du Soleil causées par des champs magnétiques intenses. Les éjections de masse coronale sont des événements où des particules chargées sont éjectées dans l'espace à partir de la couronne du Soleil. Les éruptions solaires sont des explosions soudaines de lumière et de matière qui peuvent avoir des conséquences sur la Terre, comme les aurores boréales.

Le Soleil est également étudié pour son influence sur le climat terrestre et sur les systèmes de communication. Les changements de l'activité solaire peuvent influencer le climat terrestre en modifiant la quantité de rayonnement solaire qui atteint la Terre. Les éruptions solaires peuvent également perturber les systèmes de communication et de navigation basés sur les signaux satellites.

Enfin, l'étude du Soleil est essentielle pour comprendre les étoiles en général. De nombreuses propriétés des étoiles sont basées sur des observations du Soleil, telles que la classification stellaire et la relation masse-luminosité.

Les planètes telluriques et leurs satellites

Les planètes telluriques sont les planètes du système solaire qui ont une surface solide et rocheuse comme la Terre. Elles sont au nombre de quatre : Mercure, Vénus, la Terre et Mars. Chacune d'entre elles possède ses propres caractéristiques et particularités.

Mercure est la planète la plus proche du Soleil et elle est très petite. Sa surface est criblée de cratères et de falaises escarpées en raison de son manque d'atmosphère pour protéger sa surface des impacts de météores et des éruptions solaires. Mercure tourne très lentement sur elle-même, de sorte qu'un jour sur Mercure est plus long qu'une année. En effet, Mercure met environ 88 jours terrestres pour faire une révolution complète autour du Soleil, mais environ 176 jours terrestres pour tourner sur elle-même.

Vénus est la planète la plus proche de la Terre et elle est souvent appelée la «sœur jumelle» de la Terre en raison de sa taille et de sa composition similaires. Cependant, Vénus est également une planète très différente de la Terre en raison de son atmosphère dense et brûlante composée principalement de dioxyde de carbone, qui crée un effet de serre intense. La température de surface de Vénus atteint près de 500 degrés Celsius, soit plus chaude que la surface de Mercure, malgré son éloignement du Soleil. Vénus est également une planète qui tourne très lentement sur elle-même, comme Mercure, ce qui signifie que ses jours sont plus longs que ses années.

La Terre est notre planète, bien sûr, et elle est unique dans le système solaire en raison de sa capacité à abriter la vie telle que nous la connaissons. Sa composition rocheuse, son atmosphère protectrice et son champ magnétique nous protègent des rayons nocifs du Soleil et des éruptions solaires. La Terre est également la seule planète du système solaire à posséder de vastes étendues d'eau liquide en surface, ce qui est un facteur important pour le développement de la vie. La Terre a un jour de 24 heures et une année de 365,25 jours, qui est la durée nécessaire pour faire une révolution complète autour du Soleil.

Mars est la quatrième planète du système solaire et est souvent appelée la «planète rouge» en raison de sa couleur caractéristique. Mars est une planète froide et désertique, mais elle possède une atmosphère mince et une surface parsemée de cratères, de volcans et de canyons. Mars possède également des calottes glaciaires aux pôles et une grande vallée appelée Valles Marineris, qui est la plus grande vallée du système solaire. Mars est une planète qui attire l'attention des scientifiques en raison de sa similitude avec la Terre et de sa possibilité de soutenir la vie.

Les planètes telluriques ont également des satellites qui tournent autour d'elles. La Terre a une seule lune, tandis que Mars en a deux, Phobos et Deimos. Mercure et Vénus n'ont pas de lunes naturelles. Les lunes de Mars sont relativement petites et irrégulières. Phobos est la plus grande des deux lunes et a une surface couverte de cratères. Deimos, la plus petite des deux, est beaucoup plus petite que Phobos et possède une surface lisse et craterless.

Les planètes gazeuses et leurs satellites

Dans notre système solaire, les planètes gazeuses sont des géantes gazeuses massives qui ne possèdent pas de surface solide. Les quatre planètes gazeuses sont Jupiter, Saturne, Uranus et Neptune. Ces planètes se caractérisent par leur atmosphère épaisse et nuageuse, leur forte gravité et leur grand nombre de satellites.

Jupiter, la plus grande des planètes du système solaire, est principalement composée d'hydrogène et d'hélium, avec des traces d'autres éléments. Sa célèbre Grande Tache Rouge est une tempête qui fait rage depuis des siècles dans son atmosphère. Jupiter possède également un grand nombre de satellites, dont les plus connus sont Io, Europa, Ganymède et

Callisto.

Saturne est également principalement composée d'hydrogène et d'hélium, mais possède également des traces d'autres éléments. Son atmosphère est connue pour ses anneaux spectaculaires, qui sont en fait composés de milliards de particules de glace et de roche. Saturne possède également de nombreux satellites, dont le plus grand est Titan, qui a une atmosphère dense et des lacs liquides à sa surface.

Uranus et Neptune sont toutes deux des géantes de glace, principalement composées d'eau, d'ammoniac et de méthane. Elles ont également des anneaux, mais beaucoup moins visibles que ceux de Saturne. Uranus est particulièrement connue pour sa rotation sur le côté, qui est probablement due à une collision avec une planète ou un objet massif. Neptune est la planète la plus éloignée du Soleil, et possède également une grande tempête dans son atmosphère, connue sous le nom de Grande Tache sombre.

Les satellites de ces planètes sont également très intéressants. Io, l'un des satellites de Jupiter, est le volcan le plus actif du système solaire. Titan, le plus grand satellite de Saturne, possède une atmosphère dense et des lacs liquides à sa surface, ce qui en fait un objet de grande importance pour l'étude de la vie extraterrestre potentielle. Triton, le plus grand satellite de Neptune, est également intéressant car il est probablement un objet capturé par Neptune et pourrait contenir des indices sur les origines de notre système solaire.

Différence entre lunes et satellites

Dans l'astronomie, le terme « lune » et le terme « satellite » sont souvent utilisés de manière interchangeable pour décrire des objets qui orbitent autour d'une planète. Cependant, il existe une différence subtile entre ces deux termes.

En général, une lune est un corps céleste naturel qui orbite autour d'une planète spécifique. Les lunes sont généralement sphériques, ce qui signifie qu'ils ont une gravité suffisamment forte pour se déformer et prendre une forme ronde. Les lunes sont souvent appelées ainsi lorsqu'elles orbitent autour des planètes telluriques, comme la Terre, Mars ou Vénus. Dans le cas de la Terre, nous avons une lune, que nous appelons la Lune.

D'autre part, un satellite peut être soit naturel, comme une lune, soit artificiel, comme les satellites de communication ou les télescopes en orbite autour de la Terre. Les satellites peuvent également orbiter autour de différentes sortes de corps célestes, tels que les planètes, les étoiles, les astéroïdes, les comètes, etc.

En résumé, chaque lune est un satellite, mais tous les satellites ne sont pas des lunes. Les termes « lune » et « satellite » sont donc utilisés de manière interchangeable lorsque l'objet en question est un corps céleste naturel qui orbite autour d'une planète.

Cette distinction subtile entre lune et satellite peut sembler anodine, mais elle peut être utile pour comprendre la diversité des corps célestes dans notre système solaire et au-delà. En étudiant les lunes et les satellites, nous pouvons mieux comprendre les interactions gravitationnelles complexes qui façonnent notre système solaire et l'univers en général.

Les astéroïdes, comètes et météorites

Les astéroïdes, les comètes et les météorites sont des objets célestes fascinants qui ont une grande importance pour notre compréhension de l'histoire et de l'évolution de l'Univers. Dans cette section, nous allons explorer ces objets et examiner leur impact sur notre planète et sur la vie.

Les astéroïdes sont des corps rocheux qui orbitent autour du Soleil. Ils peuvent varier en taille de quelques mètres à plusieurs kilomètres de diamètre. Certains astéroïdes ont même des satellites en orbite autour d'eux. La plupart des astéroïdes orbitent dans la ceinture d'astéroïdes entre Mars et Jupiter, mais certains peuvent s'approcher de la Terre.

Les comètes, quant à elles, sont des corps glacés qui se trouvent principalement dans le système solaire externe. Elles ont des orbites très excentriques, ce qui signifie qu'elles peuvent s'approcher du Soleil à des distances très proches et créer des queues lumineuses visibles depuis la Terre. Les comètes sont également des porteurs d'eau et de molécules organiques, ce qui en fait des objets d'intérêt pour la recherche de la vie dans l'Univers.

Les météorites, quant à elles, sont des morceaux de roches

spatiales qui ont survécu à leur entrée dans l'atmosphère terrestre. Lorsqu'un météore, également appelé étoile filante, entre dans l'atmosphère, il se réchauffe à cause de la friction avec l'air et crée une traînée lumineuse dans le ciel. Les météorites sont des témoins de l'histoire de notre système solaire, car ils contiennent des éléments qui ont été formés au cours de la formation du système solaire.

Les astéroïdes, les comètes et les météorites ont tous un impact sur notre planète. Les astéroïdes peuvent causer des impacts avec la Terre, comme celui qui a provoqué l'extinction des dinosaures il y a 65 millions d'années. Les comètes peuvent également causer des impacts, bien qu'elles soient beaucoup plus rares. Les météorites, quant à elles, peuvent avoir un impact sur la Terre sous forme de chutes de météorites, qui peuvent être récupérées et étudiées pour mieux comprendre l'histoire de notre système solaire.

Enfin, l'étude des astéroïdes, des comètes et des météorites peut nous aider à mieux comprendre l'histoire et l'évolution de notre système solaire. Les missions d'exploration, comme la mission OSIRIS-REx de la NASA, ont pour objectif de recueillir des échantillons de matériaux d'astéroïdes et de les ramener sur Terre pour étude. De même, la mission Rosetta de l'Agence spatiale européenne a permis d'étudier de près la comète 67P/Churyumov-Gerasimenko et de mieux comprendre la formation et l'évolution des comètes.

Les étoiles

La classification et propriétés des étoiles

La classification des étoiles est une méthode utilisée pour décrire et regrouper les étoiles en fonction de leurs caractéristiques physiques. Les étoiles peuvent être classées en fonction de leur température, de leur taille, de leur luminosité, de leur composition chimique et de leur âge. Ces caractéristiques sont utilisées pour créer une séquence d'étoiles, connue sous le nom de séquence principale, qui décrit les étoiles selon leur masse et leur stade de vie.

La classification des étoiles en fonction de leur température est la méthode la plus courante. Les étoiles sont classées selon leur spectre, qui est la répartition de leur lumière en différentes longueurs d'onde. Le spectre d'une étoile peut être analysé pour déterminer sa température et sa composition chimique.

La classification la plus couramment utilisée pour les étoiles est la classification de Harvard, également connue sous le nom de classification des étoiles OBAFGKM. Cette classification regroupe les étoiles en sept classes principales, en fonction de leur température. Les étoiles les plus chaudes sont classées dans la classe O, tandis que les étoiles les plus froides sont classées dans la classe M. La séquence de classes est O, B, A, F, G, K, M.

La taille des étoiles est également un critère de classification important. Les étoiles sont classées en fonction de leur masse, qui est exprimée en termes de masses solaires. Les étoiles plus massives ont une durée de vie plus courte et une luminosité plus élevée que les étoiles moins massives.

La luminosité des étoiles est une autre caractéristique importante utilisée dans la classification des étoiles. La luminosité est mesurée en termes de luminosité solaire, qui est la quantité de lumière émise par le Soleil. Les étoiles peuvent être classées en fonction de leur magnitude absolue, qui est la luminosité qu'elles auraient si elles étaient situées à une distance de 10 parsecs de la Terre.

La composition chimique des étoiles peut également être utilisée pour les classer. Les étoiles sont principalement composées d'hydrogène et d'hélium, mais elles contiennent également de petites quantités d'autres éléments. Les étoiles qui contiennent des quantités élevées de métaux, c'est-à-dire des éléments plus lourds que l'hélium, sont classées comme des étoiles riches en métaux.

Enfin, l'âge des étoiles est également un critère important de classification. Les étoiles naissent dans des nuages de gaz et de poussière, appelés nébuleuses, et évoluent au fil du temps. Les étoiles les plus jeunes sont encore en train de se former et sont classées comme des étoiles pré-séquence principale. Les étoiles plus âgées sont classées en fonction de leur stade de vie, qui peut être de la séquence principale, de la géante, de la supergéante ou de la naine blanche.

La formation et l'évolution stellaire

La formation et l'évolution stellaire sont des processus fascinants qui ont captivé l'attention des astronomes depuis des siècles. Ces processus sont à l'origine de la diversité incroyable des étoiles que nous observons dans notre Univers. Les étoiles sont formées dans les nuages moléculaires géants, où la gravité attire la matière pour former une boule de gaz chaud qui devient suffisamment dense pour déclencher la fusion nucléaire.

La fusion nucléaire est un processus où les atomes fusionnent pour former des atomes plus lourds, libérant ainsi de l'énergie. Dans le cas des étoiles, la fusion nucléaire est le processus qui alimente la production d'énergie des étoiles. Une fois qu'une étoile est formée, elle évolue à travers différents stades en fonction de sa masse.

Les étoiles de faible masse, comme notre Soleil, passent par une phase de séquence principale où elles produisent de l'énergie par la fusion de l'hydrogène en hélium. Cette phase peut durer jusqu'à plusieurs milliards d'années. Au cours de cette phase, l'étoile maintient un équilibre entre la gravité qui attire la matière vers son centre et la pression de la fusion nucléaire qui pousse la matière vers l'extérieur.

Cependant, lorsque le carburant nucléaire de l'étoile commence à s'épuiser, elle commence à évoluer vers d'autres stades. Elle se contracte, augmentant la température et la pression à son noyau, ce qui lui permet de fusionner de l'hélium en carbone et en oxygène. Lorsque tout l'hélium est épuisé, l'étoile se transforme en géante rouge, élargissant son rayon et refroidissant sa surface. À ce stade, elle peut engloutir des planètes plus proches ou expulser son enveloppe externe pour former une nébuleuse planétaire.

Si l'étoile est suffisamment massive, elle peut même fusionner des éléments plus lourds comme le fer. Cependant, l'évolution des étoiles de masse élevée est plus complexe. Ces étoiles brûlent leur combustible plus rapidement et sont donc plus chaudes et plus brillantes que les étoiles de faible masse. Elles peuvent subir des explosions périodiques sous forme de sursauts de luminosité ou de novae. À la fin de leur vie, elles peuvent exploser en supernova, laissant derrière elles des étoiles à neutrons ou des trous noirs.

La masse de l'étoile est donc un facteur clé pour déterminer son évolution. Les étoiles les plus massives ont des durées de vie plus courtes, brûlent leur combustible plus rapidement et évoluent plus rapidement que les étoiles de faible masse. Les étoiles de faible masse peuvent vivre pendant des milliards d'années sur la séquence principale avant d'évoluer en géantes rouges et de finalement expulser leur enveloppe externe dans l'espace pour former des nébuleuses planétaires.

Les étoiles jouent un rôle crucial dans la formation et l'évolution des galaxies. La composition chimique des étoiles est également un élément clé de leur évolution. Les étoiles sont composées principalement d'hydrogène et d'hélium, mais elles contiennent également des traces d'éléments plus lourds tels que le carbone, l'oxygène et le fer. La quantité de ces éléments dans une étoile dépend de son histoire et de son environnement.

Les étoiles massives ont des vents stellaires puissants qui peuvent enrichir leur environnement en éléments lourds, tandis que les étoiles de faible masse ont des vents plus faibles et retiennent les éléments plus lourds dans leur atmosphère. Lorsqu'une étoile meurt, elle peut libérer ces éléments dans l'espace environnant, où ils peuvent être recyclés dans la formation de nouvelles étoiles et de planètes.

La formation et l'évolution stellaire sont des processus dynamiques qui continuent d'être étudiés et explorés par les astronomes. De nouvelles découvertes ont récemment permis de mieux comprendre les processus physiques qui régissent les étoiles et leur évolution. Par exemple, l'observation des étoiles variables a permis de mieux comprendre comment les étoiles pulsantes se forment et évoluent.

Les étoiles sont également cruciales pour comprendre la formation et l'évolution des galaxies. Les étoiles les plus massives ont une durée de vie plus courte et sont responsables de la production des éléments les plus lourds, qui sont essentiels à la formation de planètes rocheuses comme la Terre. Les étoiles à neutrons et les trous noirs, qui se forment à la fin de la vie des étoiles massives, sont également des objets fascinants qui continuent d'être étudiés par les astronomes.

Les constellations et les étoiles les plus célèbres

Les constellations et les étoiles les plus célèbres sont des objets fascinants et mystérieux qui ont captivé l'imagination des humains depuis des milliers d'années. Les constellations sont des regroupements d'étoiles qui, vus depuis la Terre, semblent former des motifs identifiables. Elles ont souvent été utilisées pour naviguer et pour raconter des histoires mythologiques. Certaines constellations sont célèbres dans de nombreuses cultures, tandis que d'autres ne sont connues que dans certaines régions du monde.

Parmi les constellations les plus célèbres, on peut citer Orion, la Grande Ourse, Cassiopée et le Lion. Orion est une constellation visible depuis l'hémisphère nord qui représente un chasseur armé d'une épée et d'un bouclier. La Grande Ourse est une constellation visible depuis les deux hémisphères qui ressemble à une casserole, avec ses sept étoiles brillantes. Cassiopée est une constellation visible depuis l'hémisphère nord qui ressemble à la lettre «W». Le Lion est une constellation visible depuis l'hémisphère nord qui représente un lion couché.

Les étoiles les plus célèbres incluent Sirius, Polaris, Betelgeuse et Vega. Sirius, également connue sous le nom d'Alpha Canis Majoris, est l'étoile la plus brillante du ciel nocturne. Polaris, également connue sous le nom d'Alpha Ursae Minoris, est l'étoile polaire qui marque la direction du nord pour les navigateurs et les observateurs du ciel. Betelgeuse, également connue sous le nom d'Alpha Orionis, est une étoile rouge géante dans la constellation d'Orion. Vega, également connue sous le nom d'Alpha Lyrae, est une étoile brillante dans la constellation de la Lyre.

Les constellations et les étoiles les plus célèbres ont également des histoires fascinantes et des légendes associées à elles. Par exemple, Orion était un chasseur dans la mythologie grecque, et les étoiles de la constellation représentent ses épaules, ses bras, ses jambes et son épée. Dans la mythologie égyptienne, Sirius était associée à la déesse Isis et était considérée comme un présage de la crue du Nil. La Grande Ourse a une histoire différente dans de nombreuses cultures, mais dans la culture amérindienne, elle est souvent considérée comme un ours poursuivi par des chasseurs.

En observant les constellations et les étoiles les plus célèbres, nous pouvons également en apprendre beaucoup sur la structure de l'univers. La classification des étoiles et leur position dans le ciel nous aident à comprendre comment elles se sont formées et comment elles évoluent au fil du temps. Les constellations sont également utiles pour repérer d'autres objets dans le ciel, comme les galaxies et les nébuleuses.

Les supernovæ et les étoiles à neutrons

Les supernovæ et les étoiles à neutrons sont deux des phénomènes les plus spectaculaires et fascinants de l'univers. Les supernovæ sont des explosions cataclysmiques qui se produisent lorsqu'une étoile massive arrive à la fin de sa vie. Au cours de cette explosion, l'étoile libère une quantité d'énergie équivalente à des milliards de fois celle du Soleil, illuminant brièvement l'espace environnant et produisant des éléments plus lourds que le fer, tels que l'or, le plomb et l'uranium, qui sont indispensables à la vie telle que nous la connaissons.

Les étoiles à neutrons, quant à elles, sont les restes ultra-denses d'une supernova. Elles sont extrêmement compactes et ont une masse équivalente à celle du Soleil, mais leur rayon est seulement d'environ 10 kilomètres. Les étoiles à neutrons tournent souvent très rapidement et émettent des jets de matière à grande vitesse, créant des émissions de rayons X et gamma qui sont visibles depuis la Terre.

Ces phénomènes jouent un rôle crucial dans l'évolution de l'univers. Les supernovæ sont responsables de la production de la grande majorité des éléments plus lourds que le fer, qui sont nécessaires à la formation de la vie. Les étoiles à neutrons sont également impliquées dans la production de ces éléments et sont également les principaux responsables de la production d'ondes gravitationnelles, qui ont été récemment détectées pour la première fois par les scientifiques.

La recherche sur les supernovæ et les étoiles à neutrons est en constante évolution. Les astronomes utilisent des télescopes terrestres et spatiaux pour observer ces phénomènes et collecter des données sur leur comportement. De nouvelles techniques de modélisation numérique et de simulation sont également utilisées pour comprendre les processus physiques impliqués dans ces explosions.

L'étude des supernovæ et des étoiles à neutrons est également importante pour comprendre l'histoire de l'univers et sa structure à grande échelle. En effet, les supernovæ sont des marqueurs cruciaux pour la mesure des distances dans l'univers, car leur luminosité caractéristique permet de les utiliser comme bougies standard pour la mesure de distances cosmiques. Les étoiles à neutrons sont également importantes car leur forte gravité peut dévier la lumière d'autres objets, offrant ainsi une fenêtre unique sur la structure de l'univers.

Les galaxies

Les types de galaxies et leurs structures

Les galaxies sont des entités fascinantes de notre Univers. Elles sont des amas d'étoiles, de gaz et de poussière interstellaire, et leur diversité est tout aussi étonnante que leur taille. Les scientifiques ont longtemps cherché à comprendre les différentes structures des galaxies et les processus qui les ont formées.

Les galaxies peuvent être classées en différents types en fonction de leur forme, de leur taille et de leur composition. La classification la plus courante est basée sur la forme morphologique de la galaxie, qui peut être soit elliptique, spirale ou irrégulière.

Les galaxies elliptiques sont généralement les plus grandes et ont une forme ovale. Elles sont composées principalement d'étoiles âgées et de peu de gaz et de poussière interstellaire. Elles ont souvent une apparence lisse et uniforme et sont souvent considérées comme les vestiges d'anciennes fusions de galaxies.

Les galaxies spirales, quant à elles, ont une forme caractéristique avec des bras spiraux distincts qui partent du centre et s'étendent vers l'extérieur. Ces bras contiennent des nuages de gaz et de poussière interstellaire, où naissent de nouvelles étoiles. Les galaxies spirales ont également une région centrale dense appelée noyau, où se trouvent souvent des trous noirs supermassifs. La Voie lactée, notre propre galaxie, est une galaxie spirale.

Les galaxies irrégulières ont une forme chaotique et ne peuvent pas être classées comme elliptiques ou spirales. Elles sont souvent le résultat de collisions ou de fusions de galaxies. Les galaxies naines irrégulières sont les plus courantes de toutes les galaxies et sont souvent des satellites des galaxies plus grandes.

En plus de leur forme, les galaxies peuvent également être classées en fonction de leur contenu en matière noire. La matière noire est une forme de matière hypothétique qui ne peut pas être détectée directement, mais qui a été postulée pour expliquer les observations cosmologiques. Les galaxies riches en matière noire, comme les galaxies naines, sont généralement plus petites que les galaxies pauvres en matière noire.

Certaines galaxies, comme les galaxies actives, ont des noyaux très lumineux et émettent des quantités énormes de rayonnement. Les galaxies actives sont souvent associées à des trous noirs supermassifs en rotation rapide, qui aspirent de la matière du centre de la galaxie. Ce processus de capture de matière par un trou noir crée des jets de plasma qui sont observables à des distances considérables de la galaxie.

Les galaxies ont également des interactions complexes avec leur environnement cosmique. Les galaxies peuvent s'attirer les unes les autres et fusionner, formant ainsi des galaxies plus massives. Ces collisions peuvent également perturber les disques stellaires et les nuages de gaz, stimulant la formation d'étoiles et créant des régions de formation stellaire intense.

En résumé, les galaxies sont des structures fascinantes et diverses de notre Univers. Leur forme, leur taille, leur contenu en matière noire et leur environnement cosmique complexe sont autant de facteurs qui les rendent uniques.

La Voie lactée et les galaxies voisines

La Voie lactée est notre galaxie, une immense collection d'étoiles, de gaz et de poussière qui s'étend sur environ 100 000 années-lumière. Elle tire son nom du fait qu'elle apparaît comme une bande blanche de lumière dans le ciel nocturne, vue de la Terre. La Voie lactée est l'une des deux grandes galaxies spirales connues, l'autre étant la galaxie d'Andromède, et elle contient environ 200 à 400 milliards d'étoiles.

Notre connaissance de la structure de la Voie lactée est due en grande partie à la mesure de la distribution de la lumière provenant des étoiles de la galaxie, ainsi qu'à l'observation de leur mouvement. Cette étude nous a permis de comprendre que notre galaxie a une forme de disque, avec un bulbe central et des bras spiraux s'enroulant autour du centre.

Les étoiles dans le disque de la Voie lactée sont jeunes et riches en éléments lourds, tandis que les étoiles dans le halo de la galaxie sont plus anciennes et plus pauvres en éléments lourds. Le halo est également la région où l'on trouve la majorité des amas globulaires de la Voie lactée. Les amas globulaires sont des groupes d'étoiles très denses et très anciens qui orbitent autour du centre galactique. La Voie lactée en possède environ 150, qui sont d'excellents outils pour étudier l'évolution de la galaxie.

La Voie lactée est entourée de plusieurs galaxies voisines, dont les plus connues sont les Nuages de Magellan, deux galaxies naines irrégulières situées à environ 160 000 années-lumière de la Voie lactée, et la galaxie d'Andromède, à environ 2,5 millions d'années-lumière. Les Nuages de Magellan sont facilement visibles à l'œil nu depuis l'hémisphère sud, tandis que la galaxie d'Andromède est visible à l'œil nu depuis les zones rurales.

Les galaxies naines sont les compagnons les plus courants des galaxies plus grandes telles que la Voie lactée. Elles ont souvent des formes irrégulières et contiennent peu d'étoiles. Les galaxies naines sont également importantes car elles sont souvent riches en matière noire, ce qui permet aux astronomes d'étudier la distribution de la matière noire dans l'Univers.

Les galaxies les plus massives sont souvent entourées d'un grand nombre de petites galaxies satellites. La Voie lactée possède environ 50 galaxies satellites, dont la plupart sont très petites et difficiles à détecter. Certaines de ces galaxies satellites sont en train de fusionner avec la Voie lactée et contribuent ainsi à la croissance de la galaxie.

En étudiant la distribution des galaxies dans l'Univers, les astronomes peuvent comprendre comment la matière s'est agrégée pour former des structures à grande échelle, telles que les amas de galaxies et les superamas. Ces étûdes peuvent également nous aider à comprendre l'expansion de l'Univers et les propriétés de la matière noire et de l'énergie noire.

La formation et l'évolution des galaxies

La formation et l'évolution des galaxies sont l'un des domaines les plus fascinants de l'astronomie. En observant les galaxies, nous sommes témoins de l'histoire de l'univers lui-même. Les galaxies sont des objets massifs, composés de gaz, de poussière et d'étoiles, qui se sont formés à partir de petites fluctuations de densité dans le milieu intergalactique primordial. Les observations et les simulations ont permis de mieux comprendre les processus physiques qui ont conduit à la formation des galaxies.

La formation des galaxies a commencé environ 400 millions d'années après le Big Bang, lorsque les premiers amas de gaz ont commencé à s'effondrer sous l'influence de la gravité. Ces amas se sont progressivement refroidis et se sont contractés, formant des nuages de gaz moléculaire dense. Ces nuages ont ensuite fragmenté pour former des étoiles et des amas stellaires, qui ont continué à s'effondrer sous l'influence de la gravité pour former les noyaux galactiques.

Au fil du temps, les galaxies ont continué à croître grâce à la fusion avec d'autres galaxies et à l'accumulation de gaz et de poussière. Les collisions entre les galaxies ont souvent entraîné des périodes de formation intense d'étoiles, connues sous le nom de « sursauts de formation d'étoiles ». Ces sursauts ont produit des étoiles massives et lumineuses, qui ont enrichi le milieu interstellaire en éléments lourds tels que le carbone, l'oxygène et le fer.

Les galaxies ont une grande variété de formes et de tailles. Les galaxies spirales, comme la Voie lactée, ont des bras en spirale bien définis et contiennent souvent des noyaux actifs où un trou noir supermassif est en train de s'alimenter en matière. Les galaxies elliptiques, en revanche, ont une forme plus arrondie et ne contiennent pas de structure spirale visible. Les galaxies irrégulières sont des galaxies qui ne suivent pas une structure régulière, souvent le résultat de collisions ou d'interactions gravitationnelles avec d'autres galaxies.

La formation et l'évolution des galaxies sont étroitement liées à la matière noire, une forme de matière invisible qui interagit gravitationnellement avec la matière ordinaire, mais qui ne peut pas être détectée directement. Les simulations numériques ont montré que la matière noire joue un rôle important dans la formation des galaxies en fournissant un potentiel gravitationnel pour la matière ordinaire.

Les autres objets célestes

Les trous noirs

Les trous noirs sont l'un des phénomènes les plus étranges et les plus fascinants de l'Univers. Ils sont des régions de l'espace où la gravité est tellement forte que rien, pas même la lumière, ne peut s'échapper. En effet, les trous noirs sont créés lorsque des étoiles massives s'effondrent sur elles-mêmes à la fin de leur vie.

La première théorie sur les trous noirs remonte au début du XXe siècle, lorsque le physicien allemand Karl Schwarzschild a résolu les équations de la relativité générale d'Albert Einstein pour décrire une région de l'espace où la gravité est si intense qu'elle empêche toute matière et tout rayonnement de s'échapper.

Depuis lors, de nombreuses observations ont confirmé l'existence des trous noirs, notamment à travers leurs effets sur les objets environnants tels que les étoiles et les gaz.

Les trous noirs ont des tailles différentes, allant de quelques kilomètres à des milliards de masses solaires. Les plus petits sont appelés trous noirs primordiaux, tandis que les plus grands sont appelés trous noirs supermassifs. Ceux-ci sont soupçonnés de se trouver au centre de presque toutes les galaxies, y compris la Voie lactée.

Les trous noirs peuvent sembler être des « aspirateurs cosmiques », mais ils jouent en réalité un rôle important dans la régulation des processus physiques dans l'Univers. Ils sont impliqués dans la formation des étoiles, dans l'évolution des galaxies, et même dans la création de certaines des structures les plus massives de l'Univers, telles que les quasars.

Malgré leur nom effrayant, les trous noirs ne sont pas des dangers pour nous, car ils sont très loin de notre système solaire. Cependant, ils restent un sujet de recherche important pour les astronomes et les physiciens, car ils sont encore entourés de mystères.

Enfin, les trous noirs ont également inspiré des œuvres de fiction et de nombreux films, tels que « Interstellar » ou encore « Event Horizon ». Ils fascinent et intriguent les scientifiques et le grand public, car ils représentent une frontière entre le connu et l'inconnu, et ouvrent la porte à de nouvelles découvertes sur l'Univers.

Les amas stellaires et les nébuleuses

Les exoplanètes

Dans cette section, nous allons explorer le domaine passionnant des exoplanètes, ces planètes situées en dehors de notre système solaire. Depuis la découverte de la première exoplanète en 1995, les astronomes ont détecté des milliers de ces corps célestes fascinants. Nous allons découvrir ce qui les rend si spéciaux et les défis auxquels les scientifiques sont confrontés lors de leur étude.

Les exoplanètes sont des corps célestes qui orbitent autour d'autres étoiles que notre Soleil. La plupart des exoplanètes détectées jusqu'à présent sont des géantes gazeuses similaires à Jupiter, car elles sont plus faciles à détecter grâce à leur grande taille. Cependant, les avancées technologiques ont permis la découverte de plus en plus d'exoplanètes de petite taille, similaires à la Terre. Ces exoplanètes sont des cibles passionnantes pour la recherche de la vie extraterrestre.

Les méthodes de détection des exoplanètes comprennent la méthode des vitesses radiales, qui mesure les oscillations de l'étoile hôte causées par la gravité de la planète, et la méthode des transits, qui mesure la diminution de la luminosité de l'étoile hôte lorsque la planète passe devant elle. Les deux méthodes ont leurs avantages et leurs limites, mais ensemble, elles ont permis la découverte de milliers d'exoplanètes dans la Voie lactée.

L'étude des exoplanètes est importante pour comprendre la formation et l'évolution des systèmes planétaires en dehors du nôtre. Les exoplanètes peuvent également nous aider à mieux comprendre l'habitabilité de ces mondes et la recherche de la vie extraterrestre. Les caractéristiques des exoplanètes, telles que leur taille, leur composition atmosphérique et leur distance par rapport à leur étoile hôte, peuvent donner des indices sur leur habitabilité.

Cependant, l'étude des exoplanètes pose également des défis importants. La plupart des exoplanètes sont trop éloignées pour être observées directement, il est donc difficile de déterminer leur composition et leur habitabilité.

De plus, les exoplanètes sont souvent situées près de leur étoile hôte, ce qui les expose à des conditions extrêmes telles que des températures élevées et des vents solaires. Les scientifiques doivent donc trouver des moyens innovants pour étudier ces mondes lointains.

La matière et l'énergie noire

La matière et l'énergie noire sont deux composantes mystérieuses de l'Univers. Elles représentent environ 95% de la densité énergétique totale de l'Univers, mais leur nature exacte reste encore inconnue. La matière noire est invisible et ne produit pas de rayonnement électromagnétique, mais elle exerce une force gravitationnelle sur les objets qui l'entourent. L'énergie noire, quant à elle, est une forme d'énergie qui semble accélérer l'expansion de l'Univers.

La recherche sur la matière et l'énergie noire est un domaine en constante évolution, mais il existe plusieurs théories pour expliquer leur présence dans l'Univers. Certaines théories proposent que la matière noire est constituée de particules hypothétiques appelées WIMPs (Weakly Interacting Massive Particles), tandis que d'autres suggèrent qu'elle pourrait être formée de matière baryonique non détectée ou de micro trous noirs. Pour ce qui est de l'énergie noire, certaines théories la considèrent comme une constante cosmologique, tandis que d'autres suggèrent qu'elle pourrait être liée à une modification de la gravité à grande échelle.

Les scientifiques étudient la matière et l'énergie noire de différentes manières. Par exemple, les astronomes étudient les effets gravitationnels de la matière noire sur les galaxies et les amas de galaxies, ainsi que les fluctuations de la densité de matière dans l'Univers. En revanche, l'énergie noire est étudiée en analysant l'accélération de l'expansion de l'Univers et les propriétés de la lumière émise par les supernovae de type Ia.

La compréhension de la matière et de l'énergie noire est essentielle pour mieux comprendre la structure et l'évolution de l'Univers. En effet, leur présence a un impact sur la formation et la distribution des galaxies, ainsi que sur l'expansion globale de l'Univers. De plus, leur étude peut aider à tester les théories de la gravitation et à améliorer notre compréhension de la physique fondamentale.

En conclusion, la matière et l'énergie noire sont des composantes clés de l'Univers, mais leur nature exacte reste un mystère. Les scientifiques continuent de travailler pour mieux comprendre ces phénomènes énigmatiques et leurs effets sur l'Univers dans son ensemble.

L'observation astronomique et techniques d'observation

Les instruments d'observation et de mesure

Les instruments d'observation et de mesure sont essentiels pour l'astronomie, car ils permettent de collecter des données précises et fiables sur les objets célestes. Ces instruments sont souvent très complexes et sophistiqués, car ils doivent être capables de mesurer des quantités extrêmement faibles ou de détecter des signaux très faibles provenant d'objets très éloignés.

L'un des instruments les plus courants en astronomie est le télescope. Les télescopes optiques, qui utilisent des lentilles et des miroirs pour collecter et focaliser la lumière, sont les plus courants. Les télescopes radio, qui collectent les ondes radio émises par les objets célestes, sont également très importants. Les télescopes infrarouges et les télescopes à rayons X sont également utilisés pour collecter des données sur les objets célestes qui n'émettent pas de lumière visible.

Les instruments d'imagerie sont également très importants en astronomie. Les caméras CCD et les détecteurs de lumière sont utilisés pour capturer des images des objets célestes. Les spectromètres sont utilisés pour mesurer la lumière émise par les objets célestes et pour déterminer leur composition chimique et leur vitesse.

Les horloges atomiques sont également essentielles pour

l'astronomie. Ces horloges sont utilisées pour mesurer avec précision le temps, ce qui permet aux astronomes de suivre les mouvements des objets célestes et de calculer leur position exacte.

Enfin, les ordinateurs sont également très importants en astronomie. Les astronomes utilisent des ordinateurs pour stocker et analyser les données collectées par les instruments d'observation. Les modèles informatiques sont également utilisés pour simuler les mouvements des objets célestes et pour prédire leur comportement futur.

En somme, les instruments d'observation et de mesure sont indispensables pour l'astronomie, car ils permettent aux astronomes de collecter des données précises et fiables sur les objets célestes. Les télescopes, les instruments d'imagerie, les spectromètres, les horloges atomiques et les ordinateurs sont tous des exemples d'instruments importants utilisés en astronomie. Sans eux, nous ne pourrions pas avoir une compréhension aussi complète de l'Univers qui nous entoure.

Les techniques d'imagerie et de spectroscopie

Dans le domaine de l'astronomie, l'imagerie et la spectroscopie sont des techniques essentielles pour obtenir des informations sur les objets célestes et comprendre leur nature. L'imagerie consiste à obtenir des images des objets célestes, tandis que la spectroscopie permet d'analyser la lumière émise ou réfléchie par ces objets.

En astronomie, l'imagerie peut être réalisée dans différentes longueurs d'onde du spectre électromagnétique, allant des ondes radio aux rayons X. Les télescopes optiques sont les plus couramment utilisés pour l'imagerie, mais il existe également des télescopes spécialisés pour d'autres longueurs d'onde, tels que les télescopes radio et infrarouges.

La spectroscopie permet d'analyser la lumière émise ou réfléchie par les objets célestes pour en déduire leur composition, leur température, leur vitesse, etc. La spectroscopie peut également être réalisée dans différentes longueurs d'onde du spectre électromagnétique. Les spectromètres sont les instruments les plus couramment utilisés pour la spectroscopie en astronomie.

Les images et les spectres obtenus par les techniques d'imagerie et de spectroscopie sont souvent traités numériquement pour améliorer la qualité des données et les analyser plus facilement. Les logiciels de traitement d'images et de spectroscopie sont donc des outils indispensables pour les astronomes.

L'imagerie et la spectroscopie sont utilisées dans de nombreux domaines de l'astronomie, tels que l'étude des étoiles, des galaxies, des nébuleuses et des exoplanètes. Par exemple, en étudiant les spectres de la lumière émise par une étoile, les astronomes peuvent déterminer sa composition chimique, sa température et sa vitesse de rotation. En imagerie, on peut observer la structure de la surface d'une planète ou les différentes étapes de la formation d'une étoile.

Enfin, il est important de souligner que l'imagerie et la spectroscopie en astronomie sont des domaines en constante évolution. Les avancées technologiques et les nouveaux télescopes permettent d'obtenir des images et des spectres toujours plus précis et détaillés, ouvrant ainsi de nouvelles possibilités de recherche et de découverte.

La photométrie

La photométrie est une branche importante de l'astronomie, car elle permet de mesurer la luminosité des objets célestes, donnant ainsi des informations sur leur température, leur taille, leur composition chimique, leur distance et bien plus encore. La photométrie est utilisée pour étudier de nombreux objets dans l'univers, tels que les étoiles, les planètes, les galaxies, les nébuleuses et les amas stellaires.

L'étude des étoiles est l'un des domaines les plus importants de la photométrie. En mesurant leur luminosité, on peut déterminer leur type spectral, leur température et leur masse. Les étoiles variables, dont la luminosité varie avec le temps, sont particulièrement intéressantes car elles peuvent donner des informations sur l'évolution stellaire. La photométrie permet de mesurer la période de variation de la luminosité de ces étoiles, ce qui peut aider à déterminer leur masse, leur âge et leur composition chimique.

La photométrie est également utilisée pour étudier les exoplanètes, ces planètes orbitant autour d'étoiles autres que le Soleil. En mesurant la diminution de la luminosité de l'étoile hôte lorsqu'une planète passe devant elle, on peut déterminer la taille et l'orbite de la planète. La photométrie peut également révéler des détails sur l'atmosphère des exoplanètes, notamment en mesurant la variation de la luminosité lorsque la planète transite devant l'étoile hôte.

Les objets émettant des rayonnements électromagnétiques dans des gammes de longueurs d'onde différentes peuvent également être étudiés grâce à la photométrie. Par exemple, la photométrie dans l'infrarouge permet d'étudier des objets tels que les galaxies lointaines et les nébuleuses, qui émettent principalement dans cette bande de longueurs d'onde.

Les photomètres sont les instruments utilisés pour mesurer la luminosité des objets célestes. Ils sont conçus pour capter la quantité de lumière émise par un objet céleste à une certaine longueur d'onde. Les photomètres modernes peuvent être équipés de détecteurs sensibles qui peuvent mesurer la luminosité à des niveaux extrêmement faibles, permettant ainsi d'étudier des objets très éloignés.

La photométrie est un outil indispensable pour les astronomes, car elle fournit des informations sur la nature des objets célestes. En mesurant la luminosité de ces objets, les astronomes peuvent mieux comprendre leur évolution, leur composition chimique et leur comportement. La photométrie est également utilisée dans de nombreuses autres branches de l'astronomie, comme la recherche de planètes extrasolaires, l'étude des objets émettant des rayonnements électromagnétiques différents, et bien plus encore.

L'astrométrie

L'astrométrie est une branche fondamentale de l'astronomie qui permet de mesurer la position, le mouvement et la distance des objets célestes avec une grande précision. Cette discipline joue un rôle crucial dans notre compréhension de l'Univers en nous permettant de cartographier l'espace en trois dimensions et de suivre l'évolution des étoiles, des planètes et des galaxies à travers le temps.

Pour mesurer la position apparente des astres sur la voûte céleste, l'astrométrie utilise des instruments tels que des télescopes, des caméras, des spectrographes et des capteurs CCD. Ces outils permettent aux astronomes de suivre le mouvement des étoiles, des planètes et des astéroïdes au fil du temps avec une grande précision.

L'un des aspects les plus importants de l'astrométrie est la détermination de la distance des étoiles. Pour cela, les astronomes utilisent la méthode de la parallaxe, qui consiste à mesurer la position apparente d'une étoile à deux moments différents de l'année, lorsque la Terre est à des positions opposées autour du Soleil. Cette méthode permet de calculer la distance des étoiles jusqu'à environ 1000 années-lumière. La parallaxe permet également de déterminer les caractéristiques physiques des étoiles telles que leur taille, leur luminosité et leur température.

L'astrométrie est également utilisée pour étudier les mouvements des corps du système solaire. Les planètes, les lunes et les astéroïdes ont des orbites complexes qui sont influencées par la gravité des autres corps du système solaire. En mesurant précisément leur position apparente au fil du temps, les astronomes peuvent déterminer leur mouvement et leur orbite avec une grande précision. Ces mesures sont essentielles pour prédire les éclipses, les transits et les occultations planétaires, ainsi que pour suivre la trajectoire des astéroïdes et des comètes potentiellement dangereux pour la Terre.

En outre, l'astrométrie est utilisée pour détecter des exoplanètes. Lorsqu'une planète orbite autour d'une étoile, elle cause une légère oscillation de l'étoile autour de son centre de masse commun. Cette oscillation peut être mesurée à l'aide de techniques d'astrométrie, permettant ainsi de détecter des exoplanètes qui seraient trop petites ou trop proches de leur étoile pour être détectées par d'autres méthodes. Cette technique a été utilisée pour détecter certaines des premières exoplanètes découvertes, notamment 51 Pegasi b, la première exoplanète détectée autour d'une étoile de type solaire.

Enfin, l'astrométrie joue un rôle important dans la cartographie de l'Univers à grande échelle. En mesurant précisément la position et le mouvement des galaxies, les astronomes peuvent reconstituer l'histoire de la formation et de l'évolution des structures cosmiques à travers le temps.

Les télescopes et les observatoires

Les télescopes optiques

Les télescopes optiques sont l'un des outils les plus importants pour les astronomes. Ces instruments permettent de collecter la lumière des étoiles et des galaxies, et de la concentrer sur un point focal où elle peut être analysée et étudiée.

Les télescopes optiques peuvent être de différentes tailles, allant de quelques centimètres à plusieurs mètres de diamètre. Les plus grands télescopes optiques sont souvent situés dans des observatoires sur les sommets des montagnes pour minimiser les effets de la pollution lumineuse et de l'atmosphère.

Les télescopes optiques peuvent être équipés de divers instruments, tels que des caméras, des spectrographes et des polarimètres, pour étudier différents aspects de la lumière émise par les objets célestes. Les caméras permettent de prendre des images des objets, tandis que les spectrographes permettent de mesurer la composition chimique et la température des objets, ainsi que leur mouvement.

Les télescopes optiques peuvent être utilisés pour étudier une grande variété d'objets, tels que les étoiles, les galaxies, les nébuleuses et les amas stellaires. Ils peuvent également être utilisés pour étudier des phénomènes tels que les éclipses solaires et les transits d'exoplanètes.

La résolution d'un télescope optique dépend de la longueur d'onde de la lumière collectée et de la taille du miroir ou de la lentille. Une résolution plus élevée permet de voir des détails plus fins dans les images.

Cependant, les télescopes optiques ont des limites. L'atmosphère terrestre peut affecter la qualité de l'image collectée en raison de la turbulence atmosphérique, ce qui limite la résolution. Pour compenser cela, les astronomes utilisent souvent des techniques d'optique adaptative pour corriger les effets de la turbulence atmosphérique.

En outre, la collecte de la lumière est limitée par la quantité de lumière disponible. Les télescopes optiques ne peuvent pas détecter toutes les longueurs d'onde de la lumière, ce qui signifie qu'ils ne peuvent pas détecter certains types de radiation, tels que les ondes radio et les rayons X.

Malgré ces limitations, les télescopes optiques restent l'un des outils les plus importants pour les astronomes. Ils ont permis de nombreuses découvertes importantes dans l'astronomie et continuent de jouer un rôle clé dans la recherche astronomique aujourd'hui.

Les télescopes radio et infrarouges

Les télescopes radio et infrarouges sont des outils importants pour l'astronomie, car ils permettent d'étudier des objets célestes invisibles à l'œil nu et non détectables avec des télescopes optiques. Les télescopes radio sont capables de détecter les ondes électromagnétiques produites par les émissions de gaz et de poussières interstellaires, ainsi que par les émissions radio des étoiles et des galaxies. Les télescopes infrarouges, quant à eux, sont utilisés pour détecter la chaleur émise par les objets célestes, ce qui permet de cartographier la formation d'étoiles et les régions de poussière interstellaire.

Les télescopes radio utilisent des antennes paraboliques pour collecter les ondes électromagnétiques, qui sont ensuite amplifiées et analysées. Les télescopes infrarouges utilisent quant à eux des détecteurs sensibles à la chaleur pour capturer les émissions infrarouges des objets célestes.

Les télescopes radio ont été utilisés pour découvrir des phénomènes tels que les pulsars, les quasars, les émissions radio de la Voie lactée et les sursauts gamma. Ils sont également utilisés pour cartographier la distribution de gaz dans les galaxies et pour étudier les nuages interstellaires de poussière. Les télescopes infrarouges ont permis de détecter des étoiles naissantes et des nuages moléculaires, ainsi que des objets tels que des comètes et des astéroïdes.

Les télescopes radio et infrarouges sont souvent utilisés en conjonction avec des télescopes optiques pour fournir une image complète de l'Univers. En utilisant des observations à différentes longueurs d'onde, les astronomes peuvent comprendre les propriétés physiques des objets célestes, tels que leur température, leur composition et leur mouvement.

Les télescopes radio et infrarouges sont également utilisés pour rechercher des signes de vie dans l'Univers. En utilisant des télescopes infrarouges, les astronomes peuvent détecter les biomarqueurs, des molécules organiques qui pourraient indiquer la présence de vie sur une exoplanète. Les télescopes radio sont également utilisés pour écouter les signaux extraterrestres dans le cadre de projets tels que SETI.

Les télescopes à rayons X et gamma

Les télescopes à rayons X et gamma sont des instruments astronomiques capables de détecter des rayonnements électromagnétiques très énergétiques, tels que les rayons X et gamma, qui ne peuvent pas être détectés par les télescopes optiques classiques. Ces télescopes sont essentiels pour l'étude des phénomènes astronomiques les plus énergétiques et les plus violents de l'Univers, tels que les explosions de supernovae, les éruptions de rayons gamma, les trous noirs et les pulsars.

Les télescopes à rayons X utilisent des détecteurs sensibles aux rayons X pour collecter la lumière. Ces télescopes peuvent être terrestres ou spatiaux, mais la majorité des télescopes à rayons X sont en orbite autour de la Terre. Cela est dû au fait que l'atmosphère terrestre bloque la plupart des rayons X, ce qui rend difficile la collecte d'informations à partir de télescopes au sol. Les télescopes à rayons

X en orbite peuvent également observer le ciel dans différentes longueurs d'onde, ce qui permet de recueillir des informations précieuses sur les sources de rayons X.

Les télescopes à rayons gamma, quant à eux, détectent les rayons gamma, qui sont encore plus énergétiques que les rayons X. Les télescopes à rayons gamma peuvent également être terrestres ou spatiaux. Les télescopes à rayons gamma au sol utilisent des détecteurs montés sur des ballons stratosphériques ou des avions pour collecter des données, tandis que les télescopes à rayons gamma spatiaux sont en orbite autour de la Terre.

L'un des télescopes à rayons gamma les plus célèbres est le télescope spatial Fermi de la NASA, lancé en 2008. Fermi a été conçu pour étudier les sources de rayons gamma dans l'Univers, notamment les explosions de supernovae, les éruptions de rayons gamma et les trous noirs. Grâce à ses observations, Fermi a contribué à notre compréhension de la physique des éruptions de rayons gamma et de la formation des trous noirs.

En fin de compte, les télescopes à rayons X et gamma sont des outils indispensables pour les astronomes qui cherchent à comprendre les phénomènes les plus énergétiques et les plus violents de l'Univers. Bien que ces télescopes soient relativement nouveaux, ils ont déjà permis des découvertes importantes qui ont élargi notre compréhension de l'Univers et de ses phénomènes les plus extrêmes.

Les observatoires spatiaux et sondes

Les observatoires spatiaux et sondes sont des outils précieux pour les astronomes. Ils permettent de recueillir des données précises sur l'Univers, sans être affecté par les interférences atmosphériques qui peuvent fausser les résultats des observations terrestres. Les observatoires spatiaux et sondes sont donc utilisés pour étudier de nombreux phénomènes astronomiques, tels que les étoiles, les galaxies, les exoplanètes, les nébuleuses, les amas stellaires, les trous noirs et les phénomènes cosmologiques tels que le fond diffus cosmologique.

Parmi les observatoires spatiaux les plus célèbres, il y a le télescope spatial Hubble, qui a été lancé en 1990 et est toujours en activité aujourd'hui. Hubble a permis aux astronomes de recueillir des données importantes sur l'expansion de l'Univers, la formation des étoiles et des galaxies, et a également produit des images spectaculaires de l'Univers qui ont été largement diffusées au grand public.

Un autre observatoire spatial important est le télescope spatial Spitzer, qui est spécialement conçu pour observer l'Univers dans l'infrarouge. Spitzer a permis aux astronomes de recueillir des données précieuses sur la formation des étoiles et des planètes, ainsi que sur les processus physiques dans les galaxies lointaines.

Les sondes spatiales, quant à elles, sont des engins spatiaux qui sont envoyés dans l'espace pour explorer des objets tels que les planètes, les comètes, les astéroïdes et les étoiles. Les sondes spatiales permettent de recueillir des données importantes sur ces objets, telles que leur composition, leur structure, leur mouvement et leur interaction avec leur environnement.

Parmi les sondes spatiales les plus célèbres, on peut citer Voyager 1 et Voyager 2, qui ont été lancées en 1977 et ont visité les planètes du système solaire extérieur avant de poursuivre leur voyage interstellaire. La sonde Cassini-Huygens, lancée en 1997, a étudié la planète Saturne et ses lunes pendant plus de 13 ans, fournissant des données importantes sur leur structure et leur évolution.

Les observatoires spatiaux et les sondes spatiales sont des outils précieux pour les astronomes. Ils permettent de recueillir des données précises sur l'Univers, d'explorer des objets spatiaux lointains et de fournir des informations importantes sur la structure et l'évolution de l'Univers. Grâce à ces outils, les astronomes peuvent continuer à explorer l'Univers et à découvrir de nouvelles choses passionnantes sur notre place dans l'Univers.

Les processus physiques dans l'Univers

Les modèles cosmologiques

Les modèles cosmologiques ont connu une évolution importante depuis la naissance de l'astronomie. De l'Antiquité jusqu'à aujourd'hui, les scientifiques ont cherché à comprendre la nature de l'Univers et comment il fonctionne. La cosmologie moderne est devenue une science majeure qui étudie les lois fondamentales de l'Univers et nous aide à comprendre notre place dans l'Univers.

Le modèle du Big Bang, l'un des modèles cosmologiques les plus célèbres, est fondé sur l'idée que l'Univers a commencé à partir d'un état initial très dense et très chaud il y a environ 13,8 milliards d'années. Cet événement initial a été suivi par une expansion rapide et violente appelée inflation, qui a étiré l'espace et égalisé la densité de la matière. Depuis lors, l'Univers continue de s'étendre, de refroidir et de se développer, formant des galaxies, des étoiles, des planètes et finalement la vie.

Cependant, il y a encore de nombreuses incertitudes et des débats dans la communauté scientifique sur la nature de l'Univers et comment il s'est développé depuis le Big Bang. Les astronomes essaient de comprendre ce qui a causé l'inflation et comment les structures galactiques se sont formées à partir des fluctuations initiales dans la densité de la matière.

D'autres modèles cosmologiques ont été proposés, tels que le modèle de l'Univers en état d'oscillation, le modèle de l'Univers éternel et le modèle de l'Univers en boucle. Chacun de ces modèles a ses avantages et ses inconvénients et est étudié pour mieux comprendre la nature de l'Univers.

Les observations cosmologiques ont permis de découvrir des phénomènes fascinants, tels que les trous noirs, les étoiles à neutrons, les galaxies, les amas stellaires et les nébuleuses. Les scientifiques étudient également la matière noire et l'énergie noire, deux concepts qui sont nécessaires pour expliquer les observations cosmologiques, mais qui restent encore très mystérieux.

Enfin, la cosmologie est également liée à la recherche de la vie extraterrestre. Les astronomes recherchent activement des exoplanètes et des signes de vie dans l'Univers, en utilisant des télescopes spatiaux et terrestres. Les avancées technologiques ont permis de détecter de plus en plus d'exoplanètes, et la recherche de la vie dans l'Univers est devenue l'un des sujets les plus passionnants de la cosmologie.

La gravitation et la relativité générale

La gravitation est l'une des forces fondamentales de l'Univers, responsable de la formation et du mouvement des corps célestes, depuis les planètes et les étoiles jusqu'aux galaxies et au cosmos dans son ensemble. Elle est décrite par la théorie de la relativité générale d'Albert Einstein, qui a révolutionné notre compréhension de l'espace et du temps.

Avant la théorie de la relativité générale, la gravitation était décrite comme une force qui agit à distance entre les objets massifs. Mais la théorie d'Einstein a bouleversé cette compréhension en affirmant que la gravitation n'est pas une force, mais plutôt une manifestation de la géométrie de l'espace-temps. Selon cette théorie, la présence d'un corps massif courbe l'espace-temps autour de lui, ce qui provoque une déviation des trajectoires des corps en mouvement autour de lui. La gravité est donc une manifestation de la courbure de l'espace-temps plutôt que d'une interaction physique entre les corps.

Cette description de la gravitation a été vérifiée expérimentalement à maintes reprises, notamment par l'observation des effets de lentilles gravitationnelles et des ondes gravitationnelles. Les lentilles gravitationnelles sont un phénomène prédit par la relativité générale dans lequel la lumière d'une source lointaine est déviée par la courbure de l'espace-temps autour d'un corps massif en premier plan, créant ainsi une image déformée de la source. Les ondes gravitationnelles, quant à elles, sont des ondulations de l'espace-temps qui se propagent à la vitesse de la lumière et sont émises par des corps massifs en mouvement.

La relativité générale a également permis de mieux comprendre les phénomènes astrophysiques qui impliquent de forts champs gravitationnels, tels que les trous noirs et les étoiles à neutrons. Les trous noirs sont des objets si massifs et si compacts que leur gravité est si forte qu'elle empêche toute chose, même la lumière, de s'en échapper. Les étoiles à neutrons, quant à elles, sont des restes d'étoiles massives qui ont explosé en supernova et qui ont une gravité extrêmement élevée. Ces objets massifs ont des effets significatifs sur la courbure de l'espace-temps autour d'eux, ce qui a des implications pour le mouvement des corps célestes dans leur voisinage.

Les observations astrophysiques ont également confirmé la théorie de la relativité générale, notamment par la mesure précise de l'orbite de Mercure autour du Soleil et par la détection des ondes gravitationnelles émises par des événements tels que la fusion de deux trous noirs ou de deux étoiles à neutrons. La mesure précise de l'orbite de Mercure a permis de démontrer que l'effet gravitationnel du Soleil courbe l'espace-temps autour de lui conformément à la théorie d'Einstein, alors que les ondes gravitationnelles ont été détectées par des interféromètres laser tels que LIGO et VIRGO.

La physique des étoiles et des galaxies

La physique des étoiles et des galaxies est une branche fascinante de l'astronomie qui nous permet de comprendre comment ces objets célestes se forment, évoluent et interagissent dans l'univers. Les étoiles et les galaxies sont des structures dynamiques qui subissent des forces de gravité, des pressions et des températures extrêmes. Dans cette section, nous allons explorer les principaux concepts de la physique des étoiles et des galaxies.

La formation et l'évolution des étoiles sont des processus complexes qui sont régis par les lois de la physique. Les étoiles se forment à partir de nuages de gaz et de poussière dans les régions de formation stellaire. La gravité attire la matière vers le centre de la région de formation, où la température et la pression augmentent jusqu'à ce que la fusion nucléaire commence et qu'une étoile soit née. La masse de l'étoile détermine son évolution. Les étoiles massives ont une vie brève et explosive, tandis que les étoiles de faible masse ont une vie plus longue et plus calme.

Les étoiles évoluent au fil du temps et leur destin est déterminé par leur masse initiale. Les étoiles de faible masse, comme notre Soleil, deviendront des naines blanches à la fin de leur vie. Les étoiles massives, quant à elles, termineront leur vie sous forme de supernovae, laissant derrière elles des étoiles à neutrons ou des trous noirs. Les étoiles binaires, qui sont deux étoiles qui tournent l'une autour de l'autre, peuvent subir des transferts de matière qui affectent leur évolution et peuvent même conduire à la fusion des deux étoiles.

Les galaxies, quant à elles, sont des structures massives qui contiennent des milliards d'étoiles et de la matière interstellaire. Les galaxies sont classées en fonction de leur forme, comme les galaxies spirales, elliptiques et irrégulières. La Voie lactée est notre propre galaxie et elle contient environ 200 milliards d'étoiles. Les galaxies spirales, comme la Voie lactée, ont des bras spiraux qui contiennent des étoiles et de la matière interstellaire, tandis que les galaxies elliptiques n'ont pas de structure spirale et sont souvent le résultat de la fusion de deux ou plusieurs galaxies.

La formation des galaxies est un autre domaine important de la physique des étoiles et des galaxies. Les galaxies se forment à partir de la matière interstellaire et de la matière noire qui gravitent ensemble sous l'effet de la gravité. Les simulations informatiques et les observations nous ont permis de mieux comprendre comment les galaxies se sont formées et ont évolué au fil du temps.

Les interactions entre les étoiles et les galaxies sont également un domaine d'étude important. Les étoiles peuvent être capturées par des galaxies ou être éjectées par des interactions gravitationnelles. Les collisions entre les galaxies peuvent conduire à la formation de nouvelles étoiles et à la destruction d'étoiles existantes.

Les rayonnements électromagnétiques

Les rayonnements électromagnétiques sont l'un des moyens les plus importants par lesquels nous pouvons étudier l'Univers. Ils nous permettent d'observer des objets astronomiques qui sont trop lointains, trop petits ou trop froids pour être détectés par d'autres moyens. Les rayonnements électromagnétiques sont également utilisés pour sonder les propriétés physiques des objets, tels que leur température, leur composition chimique et leur mouvement.

Les rayonnements électromagnétiques sont des ondes électromagnétiques qui se propagent à travers l'espace. Ils sont produits par des objets astronomiques qui émettent de l'énergie sous forme de photons, des particules élémentaires qui transportent l'énergie des ondes électromagnétiques.

Les rayonnements électromagnétiques sont classés en

fonction de leur longueur d'onde, c'est-à-dire de la distance entre deux crêtes successives de l'onde. Les rayonnements électromagnétiques de longueur d'onde plus courte ont une énergie plus élevée et sont plus pénétrants que ceux de longueur d'onde plus longue. Les rayonnements électromagnétiques sont généralement classés en sept catégories principales :

Les ondes radio : elles ont une longueur d'onde de plusieurs kilomètres à quelques millimètres et sont utilisées pour étudier les objets les plus froids de l'Univers, tels que les nuages de gaz et de poussière.

Les micro-ondes : elles ont une longueur d'onde de quelques millimètres à quelques centimètres et sont utilisées pour étudier les objets plus chauds, tels que les galaxies, les amas de galaxies et les fonds cosmiques.

L'infrarouge : il a une longueur d'onde de quelques micromètres à plusieurs dizaines de micromètres et est utilisé pour étudier les objets plus chauds que les micro-ondes, tels que les étoiles, les planètes, les comètes et les nébuleuses.

La lumière visible : elle a une longueur d'onde de 400 à 700 nanomètres et est utilisée pour étudier les objets les plus proches de nous, tels que le Soleil, la Lune, les planètes, les étoiles et les galaxies.

Les ultraviolets : ils ont une longueur d'onde de quelques dizaines de nanomètres à quelques centaines de nanomètres et sont utilisés pour étudier les objets les plus chauds que la lumière visible, tels que les étoiles les plus chaudes, les quasars et les régions d'émissions de gaz.

Les rayons X : ils ont une longueur d'onde de quelques nanomètres à quelques picomètres et sont utilisés pour étudier les objets les plus chauds et les plus denses de l'Univers, tels que les étoiles à neutrons, les trous noirs et les galaxies actives.

Les rayons gamma : ils ont une longueur d'onde de quelques picomètres à quelques femtomètres et sont utilisés pour étudier les phénomènes les plus énergétiques de l'Univers, tels que les supernovae, les éruptions solaires et les explosions de rayons gamma.

Les rayonnements électromagnétiques peuvent être détectés à l'aide d'instruments d'observation spécifiques, tels que les télescopes radio, les télescopes optiques, les télescopes infrarouges, les télescopes à rayons X et les télescopes gamma. Ces télescopes sont équipés de détecteurs sensibles aux différents types de rayonnements électromagnétiques et permettent aux astronomes de collecter des données précieuses sur les objets observés.

Les rayonnements électromagnétiques sont également utilisés pour sonder les propriétés physiques des objets observés. Par exemple, l'analyse de la lumière émise par une étoile permet aux astronomes de déterminer sa température, sa composition chimique et sa vitesse de rotation. De même, l'analyse des rayons X émis par un trou noir permet aux astronomes de déterminer sa masse et sa structure interne.

Les rayonnements électromagnétiques sont également utilisés pour détecter les objets astronomiques qui ne peuvent pas être observés directement, tels que les exoplanètes. Les astronomes utilisent la méthode de transit pour détecter les exoplanètes en mesurant la diminution de la luminosité d'une étoile lorsque la planète passe devant elle. Cette diminution de la luminosité est causée par le blocage d'une partie de la lumière de l'étoile par la planète.

Enfin, les rayonnements électromagnétiques sont utilisés pour sonder les origines et l'évolution de l'Univers. La lumière émise par les objets les plus lointains de l'Univers nous donne des informations précieuses sur les premiers instants de l'Univers et sur la formation des premières structures, telles que les galaxies et les amas de galaxies. De même, l'analyse des rayons cosmiques nous permet de déterminer la composition de l'Univers et de mesurer l'expansion de l'Univers.

Les ondes gravitationnelles

Les ondes gravitationnelles sont des perturbations de l'espace-temps qui se propagent à la vitesse de la lumière et sont produites par des objets massifs en mouvement. Elles ont été prédites par la théorie de la relativité générale d'Albert Einstein en 1916, mais il a fallu attendre près d'un siècle pour leur première détection directe en 2015 par le détecteur LIGO.

Ces ondes sont produites par des événements astronomiques violents, tels que des collisions de trous noirs, des fusions d'étoiles à neutrons, ou des supernovae, qui perturbent l'espace-temps et créent des ondulations qui se propagent dans toutes les directions. Les ondes gravitationnelles peuvent donc fournir des informations précieuses sur des phénomènes cosmiques inaccessibles à d'autres moyens d'observation.

Les ondes gravitationnelles ont également permis d'étudier des objets astrophysiques tels que les trous noirs et les étoiles à neutrons de manière sans précédent. En effet, ces objets sont tellement massifs et leurs champs gravitationnels sont tellement intenses qu'ils déforment l'espace-temps autour d'eux et créent des ondes gravitationnelles détectables. La détection de ces ondes permet de mesurer les propriétés de ces objets, tels que leur masse, leur spin, leur distance et leur orientation.

La détection d'ondes gravitationnelles permet également de mieux comprendre l'Univers. Par exemple, la détection d'ondes gravitationnelles produites par une collision de trous noirs a confirmé l'existence de ces objets mystérieux, qui ne peuvent être observés directement. Les ondes gravitationnelles peuvent également fournir des informations sur la densité et la distribution de la matière dans l'Univers, ainsi que sur les processus cosmiques tels que la formation et l'évolution des galaxies.

La détection d'ondes gravitationnelles est une entreprise difficile, car les ondes sont extrêmement faibles et sont noyées dans le bruit de fond de l'Univers. Pour les détecter, des instruments de haute précision sont nécessaires. Le LIGO, situé aux États-Unis, est actuellement le détecteur le plus sensible au monde. D'autres détecteurs, tels que le Virgo en Italie et le KAGRA au Japon, sont également en opération ou en cours de construction. L'utilisation de plusieurs détecteurs permet de trianguler les sources d'ondes gravitationnelles pour une meilleure localisation et une meilleure caractérisation.

La détection d'ondes gravitationnelles ouvre également de nouvelles perspectives pour la physique fondamentale. Par exemple, la détection de l'onde gravitationnelle GW170817 en 2017, produite par la fusion de deux étoiles à neutrons, a permis de confirmer que les ondes gravitationnelles et la lumière voyagent à la même vitesse, et a fourni des indices sur la structure interne des étoiles à neutrons.

L'origine et l'évolution de l'Univers

Le Big Bang et les premiers instants

Le Big Bang est le modèle cosmologique dominant qui explique l'origine et l'évolution de l'Univers tel que nous le connaissons aujourd'hui. Selon cette théorie, l'Univers a commencé à partir d'un état extrêmement dense et chaud, il y a environ 13,8 milliards d'années.

Au cours des premiers instants du Big Bang, l'Univers était rempli d'un plasma de particules subatomiques en mouvement rapide et en collision constante. Pendant cette période, l'Univers était extrêmement chaud et dense, et les forces électromagnétiques et nucléaires étaient fondamentalement unifiées.

Au bout de quelques fractions de seconde, l'Univers s'est refroidi et s'est expansé rapidement, devenant de plus en plus grand et moins dense. Les particules subatomiques ont commencé à se combiner pour former des protons et des neutrons, qui à leur tour se sont associés pour former des noyaux atomiques. Ce processus a conduit à la formation de l'hélium et du lithium, ainsi que d'autres éléments plus lourds.

Après environ 380 000 ans, l'Univers s'était suffisamment refroidi pour que les électrons et les noyaux puissent se combiner pour former des atomes neutres. Cela a conduit à la libération du rayonnement cosmique, qui est encore détectable aujourd'hui sous la forme du fond diffus cosmologique.

Au fil du temps, la matière s'est agrégée en structures plus grandes, telles que des galaxies, des amas de galaxies et des superamas. L'expansion de l'Univers continue encore aujourd'hui, bien que son taux ait ralenti en raison de l'attraction gravitationnelle mutuelle des galaxies.

Bien que le Big Bang soit un modèle cosmologique extrêmement bien étayé par des observations et des données expérimentales, il reste encore beaucoup de questions sans réponse. Par exemple, nous ne savons pas encore ce qui a déclenché le Big Bang, ni ce qui a précédé les premiers instants de l'Univers.

En fin de compte, l'étude de l'origine et de l'évolution de l'Univers est une entreprise complexe et passionnante qui implique des théories complexes, des observations astrophysiques et des simulations informatiques. Cependant, en comprenant les premiers instants du Big Bang, nous pouvons mieux comprendre comment notre Univers a évolué pour devenir ce qu'il est aujourd'hui.

La formation des premières structures

La formation des premières structures de l'Univers est une étape cruciale dans l'histoire de l'astronomie et de la cosmologie. Elle marque le début de la formation des galaxies, des amas et des superamas de galaxies qui peuplent notre Univers observable.

L'Univers a commencé son existence dans un état extrêmement dense et chaud appelé le Big Bang. À mesure que l'Univers s'est étendu et refroidi, la densité et la température ont diminué, permettant à la matière de se condenser en structures plus grandes. Les premières structures à se former étaient des amas de gaz, qui ont commencé à se contracter sous l'effet de la gravité.

Au fur et à mesure que les amas de gaz se contractaient, leur température et leur densité augmentaient, provoquant la fusion nucléaire qui produisait de la lumière et de la chaleur. Ces objets étaient les premiers à s'illuminer dans l'Univers, produisant des émissions de rayonnement qui ont été détectées sous forme de lumière visible, d'ondes radio et d'autres formes d'énergie.

Les amas de gaz ont continué à croître en taille et en masse, jusqu'à ce que leur gravité soit suffisamment forte pour former des étoiles individuelles à partir du gaz. Ces étoiles ont produit encore plus de lumière et de chaleur, ce qui a permis aux amas de gaz de continuer à croître et à se condenser en structures de plus en plus grandes.

Au fil du temps, ces structures se sont regroupées pour former des galaxies. Les galaxies sont des amas d'étoiles, de gaz et de poussière qui sont liés ensemble par la gravité. Elles peuvent prendre différentes formes, telles que les spirales, les elliptiques et les irrégulières, et contiennent souvent des trous noirs supermassifs au centre.

Les galaxies se regroupent également pour former des amas de galaxies, qui sont les plus grandes structures de l'Univers observable. Les amas de galaxies peuvent contenir des centaines, voire des milliers de galaxies, et sont liés ensemble par la gravité.

La formation des premières structures de l'Univers a donc été un processus complexe qui a impliqué la gravité, la fusion nucléaire et la production de lumière et de chaleur. Elle a donné naissance à l'Univers que nous connaissons aujourd'hui, avec ses galaxies, ses amas et ses superamas de galaxies. Cette histoire fascinante de l'Univers nous aide à comprendre notre place dans le cosmos et nous invite à continuer à explorer et à étudier l'espace qui nous entoure.

L'expansion de l'Univers et la constante de Hubble

L'expansion de l'Univers est l'un des résultats les plus remarquables de l'astronomie moderne. Elle est basée sur l'observation des galaxies lointaines qui s'éloignent de nous à des vitesses de plus en plus grandes. Cette observation a conduit à la formulation de la loi de Hubble, qui décrit l'expansion de l'Univers.

La loi de Hubble stipule que la vitesse de récession d'une galaxie est proportionnelle à sa distance. Cela signifie que plus une galaxie est éloignée de nous, plus elle s'éloigne rapidement. Cette observation est cohérente avec l'hypothèse selon laquelle l'Univers est en expansion constante depuis le Big Bang. Les premières observations de la loi de Hubble ont été effectuées par Edwin Hubble en 1929.

La constante de Hubble est une mesure de la vitesse d'expansion de l'Univers. Elle est exprimée en unités de kilomètres par seconde par mégaparsec. La valeur de cette constante a été mesurée à plusieurs reprises, avec des méthodes différentes, et elle est actuellement estimée à environ 70 km/s/Mpc. Cela signifie que pour chaque mégaparsec (3,26 millions d'années-lumière) de distance supplémentaire entre deux points dans l'Univers, la vitesse d'expansion augmente de 70 km/s.

La constante de Hubble a des implications profondes pour notre compréhension de l'Univers dans son ensemble. Elle implique que l'Univers a eu un début, le Big Bang, et qu'il est en constante évolution depuis lors. Elle suggère également que l'Univers est fini mais illimité, c'est-à-dire qu'il n'y a pas de limite physique à son étendue, mais que sa taille peut être infinie.

Cependant, la constante de Hubble n'est pas vraiment constante, mais varie en fonction de l'époque de l'Univers dans laquelle nous l'observons. Par exemple, l'expansion de l'Univers était plus rapide dans le passé qu'elle ne l'est aujourd'hui. Cela signifie que la constante de Hubble était plus élevée dans le passé. Les mesures de la constante de Hubble ont été affinées au fil des ans et sont encore sujettes à débat et à remise en question.

L'expansion de l'Univers a également des implications pour l'origine et l'évolution des galaxies. En effet, l'expansion de l'Univers signifie que les galaxies s'éloignent les unes des autres, ce qui a pour conséquence une diminution de la densité de l'Univers. Cette diminution de la densité peut influencer la formation et l'évolution des galaxies au fil du temps.

La constante de Hubble est importante pour déterminer l'âge de l'Univers, qui est estimé à environ 13,8 milliards d'années. Elle est également utilisée pour estimer les distances des objets astronomiques lointains, ainsi que pour étudier l'évolution de l'Univers dans son ensemble.

Il est important de noter que la constante de Hubble n'est pas vraiment constante, mais varie en fonction de l'époque de l'Univers dans laquelle nous l'observons. Par exemple, l'expansion de l'Univers était plus rapide dans le passé qu'elle ne l'est aujourd'hui. Cela signifie que la constante de Hubble était plus élevée dans le passé.

Les échelles de distance et de temps

L'astronomie est une discipline qui étudie les phénomènes célestes, qui se produisent à des distances et des échelles de temps incroyablement vastes. Afin de comprendre et de quantifier ces phénomènes, les astronomes ont mis au point des échelles de distance et de temps qui permettent de les mesurer et de les comparer entre eux.

En astronomie, la distance est souvent mesurée en années-lumière, qui correspond à la distance parcourue par la lumière en une année. Cette unité de mesure est utilisée pour décrire la taille des objets astronomiques, tels que les étoiles et les galaxies, qui sont situés à des distances considérables de la Terre. Les distances entre les corps célestes sont également mesurées en unités astronomiques (UA), qui correspond à la distance moyenne entre la Terre et le Soleil.

Les astronomes utilisent également des unités de temps pour décrire les phénomènes astronomiques. Par exemple, une année sidérale est la durée nécessaire pour que la Terre effectue une orbite complète autour du Soleil par rapport aux étoiles fixes. Cette unité de temps est utilisée pour mesurer les périodes de révolution des planètes et des satellites.

Une autre unité de temps importante en astronomie est la seconde, qui est utilisée pour mesurer les intervalles de temps très courts, tels que les durées des pulsations des étoiles et les temps de réaction des instruments d'observation. Les astronomes utilisent également des unités de temps plus longues, telles que les milliards d'années, pour décrire les événements cosmiques à grande échelle, tels que la formation des galaxies et l'évolution de l'Univers.

En astronomie, les échelles de distance et de temps sont intimement liées, car la vitesse de la lumière, qui est la vitesse la plus rapide dans l'Univers, permet aux astronomes de mesurer la distance entre les objets célestes en utilisant le temps que prend la lumière pour voyager de l'un à l'autre. Par conséquent, plus un objet est éloigné, plus le temps que prend la lumière pour y parvenir est long.

Il est également important de noter que les échelles de distance et de temps en astronomie sont souvent très différentes de celles auxquelles nous sommes habitués dans notre vie quotidienne. Par exemple, la distance entre la Terre et le Soleil est d'environ 150 millions de kilomètres, ce qui semble énorme pour nous, mais en termes astronomiques, cette distance est considérée comme relativement petite. De même, les durées des événements astronomiques peuvent être extrêmement longues, allant de milliards d'années pour la formation des galaxies à quelques millisecondes pour les pulsations des étoiles à neutrons.

Le destin de l'Univers

Le destin de l'Univers est l'un des sujets les plus fascinants de l'astronomie. Depuis le Big Bang il y a environ 13,8 milliards d'années, l'Univers n'a cessé de s'étendre, de se refroidir et de s'assombrir. Mais quelle sera sa fin ultime ? Pour répondre à cette question, les astrophysiciens doivent prendre en compte les forces en jeu dans l'Univers ainsi que les propriétés des composants qui le constituent.

Tout d'abord, il convient de souligner que l'expansion de l'Univers se poursuivra indéfiniment, sauf si une force inconnue s'oppose à cette expansion. Selon les modèles cosmologiques actuels, cette force est appelée énergie sombre. Cependant, la nature exacte de l'énergie sombre reste inconnue et est l'un des plus grands mystères de l'astronomie moderne.

En outre, la gravitation joue un rôle essentiel dans le destin de l'Univers. Les galaxies sont en mouvement constant, mais elles sont également maintenues ensemble par la gravité. Si l'expansion de l'Univers se poursuit, les galaxies continueront de s'éloigner les unes des autres, et la gravité finira par ne plus être suffisante pour les maintenir ensemble. À ce stade, les étoiles de chaque galaxie se disperseront dans l'espace, et les galaxies elles-mêmes seront dissoutes dans le néant.

Il est également possible que l'Univers se termine par un Big Freeze, également connu sous le nom de mort thermique. Dans ce scénario, l'Univers continuera de s'étendre, mais il finira par s'étendre de manière si importante que toute la matière se dissipera. Les étoiles s'éteindront et ne laisseront que des naines blanches, des étoiles à neutrons et des trous noirs. Finalement, la température de l'Univers chutera à presque zéro, ce qui entraînera la fin de toute forme de vie.

Une autre possibilité est que l'Univers subisse un Big Crunch. Si la quantité de matière dans l'Univers est suffisante, la gravité pourrait l'emporter sur l'expansion, ce qui entraînerait une réduction de l'espace et de la matière. Les galaxies se rapprocheraient les unes des autres, finissant par se fondre en une masse énorme. À la fin, l'Univers se compressera en un point chaud et dense, qui pourrait être le point de départ d'un nouveau Big Bang, et l'Univers recommencerait le cycle de l'expansion et de la contraction.

En fin de compte, le destin de l'Univers dépendra de nombreux facteurs, tels que la quantité de matière, l'énergie sombre et la gravité. Cependant, quelle que soit la fin que l'Univers connaîtra, nous pouvons être sûrs que son histoire fascinante continuera de nous intriguer et de nous inspirer pendant des siècles à venir.

L'astronomie extrasolaire et la recherche de la vie extraterrestre

Les biomarqueurs et la détection de la vie

Les biomarqueurs sont des indicateurs de la présence de vie qui peuvent être détectés à distance. Ils sont considérés comme des preuves indirectes de la vie, car ils indiquent que certaines propriétés physiques et chimiques de la vie telle que nous la connaissons peuvent être observées sur d'autres planètes.

Les scientifiques cherchent des biomarqueurs fiables pour détecter la présence de vie extraterrestre, mais la détection de biomarqueurs est un défi technologique complexe. Les biomarqueurs les plus couramment recherchés sont les gaz tels que l'oxygène, le méthane et l'ammoniac. L'oxygène est produit par la photosynthèse des plantes, tandis que le méthane est produit par la décomposition des matières organiques et peut également être émis par des micro-organismes méthanogènes. L'ammoniac est produit par la décomposition des protéines et peut être utilisé par certains micro-organismes comme source d'énergie.

Cependant, la présence de ces gaz ne peut pas être considérée comme une preuve absolue de la vie, car ils peuvent également être produits par des processus non-biologiques. Par conséquent, les scientifiques cherchent d'autres biomarqueurs plus fiables, tels que les molécules organiques complexes qui sont spécifiques à la vie.

Une telle molécule est l'acide aminé, qui est la base des protéines. Les protéines sont essentielles à la vie et sont produites exclusivement par des organismes vivants. Les scientifiques cherchent également des acides nucléiques, tels que l'ADN et l'ARN, qui sont la base de la reproduction et de l'évolution biologique. La présence de ces molécules organiques complexes peut être considérée comme une preuve plus solide de la vie.

Cependant, la détection de biomarqueurs est un défi technologique important, car il faut être capable de les détecter à distance, dans des environnements extrêmes, et dans des quantités très faibles. Les scientifiques développent actuellement de nouvelles techniques pour détecter ces biomarqueurs, telles que la spectroscopie et la chromatographie, qui permettent de détecter des molécules spécifiques dans les échantillons.

Il est important de noter que la vie peut prendre des formes très différentes de celles que nous connaissons, et que les biomarqueurs que nous cherchons peuvent ne pas être pertinents pour d'autres formes de vie. Par conséquent, la recherche de la vie extraterrestre doit être effectuée avec une grande prudence et une grande ouverture d'esprit. Les scientifiques doivent être prêts à accepter des formes de vie inattendues et à développer de nouvelles méthodes de détection pour les détecter.

Les projets de recherche SETI et les signaux extraterrestres

Les projets de recherche SETI (Search for Extra-Terrestrial Intelligence) ont pour objectif de détecter des signaux provenant de civilisations extraterrestres dans l'espace. Ces recherches se basent sur l'hypothèse que si la vie existe sur d'autres planètes, alors certaines de ces civilisations pourraient également avoir développé des technologies de communication.

La recherche SETI est menée depuis plusieurs décennies maintenant, mais aucun signal clair n'a encore été détecté. Cela ne veut pas dire que nous sommes seuls dans l'univers, mais simplement que la recherche est complexe et nécessite des ressources importantes. Les scientifiques utilisent plusieurs méthodes pour chercher des signaux, notamment l'observation des ondes radio et les recherches optiques.

L'un des projets les plus connus de la recherche SETI est le programme SETI@home. Il s'agit d'un projet de calcul distribué où des volontaires du monde entier peuvent télécharger un logiciel sur leur ordinateur qui utilise la puissance de calcul inutilisée pour analyser des données radioastronomiques à la recherche de signaux extraterrestres. Ce projet a permis de traiter une quantité incroyable de données, mais n'a pas encore permis de détecter de signal clair.

D'autres projets de recherche SETI incluent le programme Breakthrough Listen, qui utilise des télescopes pour rechercher des signaux sur plusieurs fréquences radio différentes, ainsi que le projet Laser SETI, qui cherche des signaux optiques plutôt que radio. Des projets plus récents comme le projet Galileo, qui a lancé son premier télescope en 2021, se concentrent sur l'utilisation de l'intelligence artificielle pour analyser des données massives dans l'espoir de détecter des signaux extraterrestres.

Cependant, la recherche SETI est complexe et comporte des défis majeurs. Tout d'abord, les signaux que nous recherchons pourraient être très faibles et difficiles à détecter. De plus, nous ne savons pas à quoi ressemble un signal extraterrestre, donc il est difficile de savoir quoi chercher exactement. Enfin, même si un signal est détecté, cela ne signifie pas nécessairement qu'il provient d'une civilisation extraterrestre. Il peut y avoir des explications naturelles ou terrestres pour ce signal.

Malgré ces défis, la recherche SETI reste une entreprise passionnante pour les scientifiques et les passionnés d'astronomie. La possibilité de découvrir une civilisation extraterrestre fascine l'humanité depuis des siècles, et la recherche SETI nous rapproche peut-être un peu plus de cette découverte. En fin de compte, que nous détectons ou non des signaux extraterrestres, la recherche SETI nous aide à mieux comprendre notre place dans l'univers et à apprécier la beauté et la complexité de l'espace qui nous entoure.

Les missions d'exploration spatiale et la recherche de la vie dans le système solaire

La recherche de la vie dans le système solaire est l'un des principaux objectifs des missions d'exploration spatiale. Les scientifiques cherchent des preuves de vie passée ou présente sur des corps célestes tels que Mars, Europe, Encelade et Titan. Cette recherche est motivée par l'idée que la vie peut être apparue ailleurs dans l'univers, et que la découverte de la vie extraterrestre aurait des implications majeures pour notre compréhension de la vie et de l'univers.

Les missions d'exploration spatiale ont permis de découvrir de nombreux indices suggérant que la vie pourrait avoir existé sur Mars dans le passé. Les roches martiennes contiennent des minéraux qui ne peuvent se former que dans la présence d'eau liquide, ce qui suggère que la planète rouge avait des océans et des rivières dans le passé. En outre, les missions ont découvert des traces de méthane dans l'atmosphère de Mars, qui pourraient être produites par des formes de vie microbiennes.

Les lunes glacées de Jupiter et de Saturne, telles que Europe, Encelade et Titan, sont également des cibles potentielles pour la recherche de la vie. Les observations ont montré que ces lunes ont des océans souterrains d'eau liquide, qui pourraient être habitables. Les missions proposées pour explorer ces lunes pourraient chercher des signes de vie en analysant les échantillons d'eau ou en cherchant des molécules organiques qui pourraient être associées à des formes de vie.

En plus des missions d'exploration planétaire, la recherche de la vie extraterrestre est également menée grâce aux télescopes spatiaux et aux observations depuis la Terre. Les télescopes tels que le télescope spatial Hubble et le télescope James Webb sont conçus pour étudier les atmosphères des exoplanètes et rechercher des signatures de la vie, telles que la présence de dioxygène.

La recherche de la vie dans le système solaire et au-delà est un domaine passionnant et en constante évolution de l'astronomie. Les missions d'exploration spatiale futures, telles que la mission Mars Sample Return et la mission Europa Clipper, devraient fournir de nouvelles informations sur les possibilités d'existence de la vie sur d'autres corps célestes. Toutefois, même si aucune vie n'était trouvée, ces missions aideront à approfondir notre compréhension de l'histoire et de la diversité de notre système solaire et de l'univers.

L'exploration spatiale

L'histoire de l'exploration habitée

L'histoire de l'exploration habitée est l'une des plus fascinantes de l'humanité. Depuis les premiers pas de l'homme sur la Lune en 1969, nous avons continué à explorer notre système solaire et au-delà. Cette section examine les événements les plus importants de l'exploration spatiale habitée et les défis que nous avons dû relever pour y arriver.

Le 12 avril 1961, le cosmonaute soviétique Youri Gagarine est devenu le premier homme à voyager dans l'espace, effectuant un vol orbital autour de la Terre à bord de la capsule Vostok 1. Moins d'un mois plus tard, le 5 mai 1961, le président américain John F. Kennedy a annoncé que les États-Unis allaient envoyer un homme sur la Lune avant la fin de la décennie.

Les premiers pas vers cet objectif ont été faits par le programme Gemini, qui a permis de développer des techniques de vol spatial habité en orbite terrestre. Les missions Gemini ont culminé avec le vol historique de la mission Gemini 8 en 1966, qui a été la première mission à amarrer deux vaisseaux spatiaux en orbite.

Le programme Apollo a été lancé en 1967, visant à envoyer des astronautes sur la Lune. Le premier vol habité du programme Apollo, Apollo 7, a eu lieu en octobre 1968, et a permis de tester les techniques de vol en orbite terrestre basse. Le premier vol habité de la mission Apollo sur la Lune, Apollo 8, a été lancé en décembre 1968 et a permis d'effectuer un survol de la Lune.

Le vol historique d'Apollo 11 en juillet 1969 a permis à Neil Armstrong et Buzz Aldrin de devenir les premiers hommes à marcher sur la Lune. Cet événement a marqué le point culminant du programme Apollo et a été considéré comme l'un des moments les plus importants de l'histoire de l'humanité.

Après le programme Apollo, la NASA s'est tournée vers la navette spatiale, qui a été conçue pour fournir un accès moins coûteux à l'espace. La première mission de la navette spatiale, STS-1, a été lancée en avril 1981, et a permis de tester les techniques de vol de la navette.

Au cours des années suivantes, la navette spatiale a été utilisée pour transporter des satellites en orbite, effectuer des missions de recherche scientifique et construire la Station spatiale internationale (ISS). La construction de l'ISS a commencé en 1998 et a été achevée en 2011.

En parallèle, les Soviétiques ont poursuivi leur propre programme spatial avec des missions habitées, notamment la station spatiale Mir qui a été en service de 1986 à 2001. En 2000, la Russie a rejoint les États-Unis, l'Europe, le Canada et le Japon dans la construction de l'ISS.

Depuis la fin du programme de la navette spatiale en 2011, les États-Unis se sont concentrés sur le développement de nouveaux véhicules spatiaux pour transporter des astronautes vers l'ISS et au-delà. Les entreprises privées telles que SpaceX à développer de nouveaux vaisseaux spatiaux, notamment le Crew Dragon, qui a effectué sa première mission habitée en mai 2020. D'autres entreprises, telles que Boeing, développent également de nouveaux véhicules spatiaux pour transporter des astronautes.

Outre les vols en orbite terrestre basse, les voyages interplanétaires ont également été un objectif clé de l'exploration spatiale habitée. En 1971, la mission soviétique Mars 3 a été la première à atterrir sur Mars, bien qu'elle n'ait pas réussi à transmettre des données pendant longtemps. Depuis lors, plusieurs missions de la NASA ont été envoyées sur Mars, notamment le rover Perseverance, qui a atterri sur la planète rouge en février 2021.

Au-delà de notre système solaire, les humains ont également envoyé des sondes vers des destinations telles que les planètes externes, les comètes et les astéroïdes. La sonde Voyager 1, lancée en 1977, a quitté le système solaire en 2012 et continue de transmettre des données sur l'espace interstellaire.

L'exploration spatiale habitée a permis de nombreuses découvertes importantes sur l'espace et notre place dans l'Univers. Elle a également stimulé le développement de technologies avancées dans de nombreux domaines, tels que la médecine, l'informatique et l'ingénierie.

Cependant, l'exploration spatiale habitée présente également de nombreux défis, notamment la sécurité des astronautes, la gestion des déchets spatiaux et la nécessité de maintenir un équilibre entre l'exploration spatiale et la protection de l'environnement terrestre.

Malgré ces défis, l'exploration spatiale habitée continuera d'être un objectif important pour l'humanité, car elle nous permet de mieux comprendre l'espace et notre place dans l'Univers, et peut également nous aider à répondre à des questions fondamentales sur la vie, l'origine de l'Univers et notre avenir en tant qu'espèce.

Les perspectives pour l'exploration habitée

L'exploration habitée est l'un des domaines les plus fascinants de l'astronomie. Depuis les premiers pas de l'homme sur la Lune en 1969, l'humanité n'a cessé de rêver d'aller encore plus loin dans l'exploration de l'espace. Les perspectives pour l'exploration habitée sont à la fois ambitieuses et prometteuses, mais aussi complexes et coûteuses.

Les missions spatiales habitées permettent aux astronautes d'aller plus loin dans l'espace que les sondes et les télescopes ne peuvent le faire. Elles offrent la possibilité d'étudier les conditions de vie en dehors de la Terre, de tester de nouvelles technologies et de préparer les futures missions d'exploration. Les perspectives pour l'exploration habitée sont donc très prometteuses.

Les prochaines missions spatiales habitées incluent le retour sur la Lune et l'envoi d'humains sur Mars. Ces missions seront très coûteuses, mais pourraient apporter des avancées majeures en termes de compréhension de l'espace et de développement technologique. Les agences spatiales telles que la NASA, l'ESA et Roscosmos travaillent actuellement sur des programmes ambitieux pour réaliser ces missions.

Le retour sur la Lune est prévu dans les prochaines années, avec la mission Artemis de la NASA qui a pour but d'envoyer la première femme sur la Lune en 2024. Cette mission permettra de tester de nouvelles technologies et de préparer les futures missions sur Mars. En effet, la Lune est un point de départ idéal pour les missions vers Mars, car elle permet d'effectuer des tests en conditions similaires à celles rencontrées sur la planète rouge.

L'envoi d'humains sur Mars est l'un des projets les plus ambitieux de l'histoire de l'exploration spatiale. Cette mission nécessite des technologies de pointe et des coûts considérables. Les agences spatiales travaillent actuellement sur la mise au point de technologies pour supporter la vie humaine sur Mars, tels que les systèmes de régénération d'air et d'eau, les systèmes de protection contre les radiations et les moyens de production d'énergie sur place.

Ces missions sont des défis incroyables, mais elles pourraient apporter des connaissances cruciales pour l'avenir de l'humanité. L'exploration habitée est une entreprise risquée, mais aussi passionnante. Elle inspire des générations entières à découvrir et à explorer l'univers. Les perspectives pour l'exploration habitée sont donc non seulement importantes pour la science, mais aussi pour la culture et la société en général.

Les missions robotiques

Les missions robotiques sont l'un des moyens les plus importants et les plus efficaces pour étudier et explorer l'espace. Les robots ont été utilisés pour explorer des corps célestes tels que la Lune, Mars, les astéroïdes et les comètes, ainsi que pour étudier l'environnement spatial et effectuer des observations astronomiques.

Les missions robotiques ont plusieurs avantages par rapport aux missions habitées. Elles sont moins coûteuses, plus sûres et plus flexibles en termes de temps et de portée. De plus, les robots peuvent accomplir des tâches qui seraient dangereuses ou impossibles pour les humains, comme entrer en contact avec des corps célestes avec des conditions hostiles.

Les robots spatiaux sont équipés de nombreux instruments scientifiques tels que des caméras, des spectromètres, des analyseurs de particules, des perceuses, des bras robotiques et des instruments de mesure. Ces instruments permettent aux robots de collecter des données sur l'environnement spatial, la géologie, la chimie et la météorologie des corps célestes.

Les missions robotiques ont produit de nombreuses découvertes importantes en astronomie et en science planétaire. Par exemple, la mission Mars Rover a permis de découvrir des preuves de la présence passée d'eau sur

Mars, ainsi que de découvrir des minéraux et des roches qui suggèrent que la planète rouge avait une atmosphère plus dense dans le passé. Les missions à destination des astéroïdes ont permis de découvrir des informations sur la composition et la structure de ces corps, et les missions à destination de comètes ont permis de découvrir des indices sur la formation du système solaire.

Les missions robotiques ont également été utilisées pour étudier l'environnement spatial. Les satellites de surveillance terrestre et solaire ont permis d'étudier les conditions météorologiques, la qualité de l'air, la pollution et les rayonnements solaires. Les télescopes spatiaux tels que le télescope spatial Hubble ont permis d'observer des objets célestes dans des longueurs d'onde invisibles à l'œil humain, fournissant des informations sur la composition, la structure et l'évolution de l'Univers.

Les missions robotiques à venir incluent des missions à destination de la Lune, de Mars et d'autres corps célestes, ainsi que des télescopes spatiaux plus avancés et des missions de recherche de vie extraterrestre. Les avancées technologiques telles que l'intelligence artificielle, la robotique autonome et les communications plus rapides permettront aux robots de réaliser des tâches encore plus complexes et de collecter des données encore plus précises.

Les sondes interplanétaires

Les sondes interplanétaires sont des engins spatiaux conçus pour explorer notre système solaire en envoyant des informations et des images détaillées sur les planètes, les lunes, les astéroïdes et les comètes. Ces sondes sont conçues pour résister aux conditions extrêmes de l'espace et pour fonctionner de manière autonome pendant des années.

Le premier succès majeur dans l'exploration interplanétaire a été la mission Voyager lancée en 1977. Les sondes Voyager ont visité les planètes Jupiter, Saturne, Uranus et Neptune, fournissant des informations sans précédent sur ces mondes lointains et leurs lunes. Depuis lors, de nombreuses autres sondes interplanétaires ont été lancées pour explorer Mars, Vénus, Mercure et d'autres corps célestes.

Les sondes interplanétaires sont équipées d'une variété d'instruments scientifiques, tels que des caméras, des spectromètres et des magnétomètres, qui permettent de mesurer les caractéristiques physiques et chimiques des corps célestes visités. Ces instruments peuvent fournir des images haute résolution, des spectres de lumière et des champs magnétiques, entre autres données.

Les sondes interplanétaires ont permis de nombreuses découvertes importantes. Par exemple, les sondes Viking ont détecté des preuves de vie microbienne sur Mars, tandis que la mission Cassini a révélé des informations sur la structure des anneaux de Saturne et la composition de son atmosphère.

De plus, les sondes interplanétaires ont également aidé à comprendre l'histoire de notre système solaire. Les sondes ont permis d'analyser les cratères sur les surfaces des planètes et des lunes, ainsi que de découvrir des preuves de l'existence de volcans, de glaciers et de rivières sur des corps célestes autrefois considérés comme morts.

Enfin, les sondes interplanétaires jouent un rôle crucial dans la recherche de la vie extraterrestre. Les sondes ont révélé la présence d'eau sur Mars et d'océans sous les surfaces gelées des lunes de Jupiter et de Saturne. Ces découvertes suggèrent que la vie pourrait exister ailleurs dans notre système solaire et nous poussent à explorer davantage ces mondes.

Les télescopes spatiaux

Les télescopes spatiaux sont des instruments d'observation qui sont conçus pour être envoyés dans l'espace et qui offrent une vue imprenable sur l'univers. Contrairement aux télescopes terrestres, les télescopes spatiaux ne sont pas affectés par les interférences atmosphériques, ce qui permet d'obtenir des images beaucoup plus nettes et précises. Ils permettent également d'observer des longueurs d'ondes qui ne peuvent pas être observées depuis la Terre, tels que les rayons X, les rayons gamma et les infrarouges.

Le télescope spatial le plus célèbre est le télescope spatial Hubble, lancé en 1990 et toujours en activité aujourd'hui. Il a permis de nombreuses découvertes révolutionnaires dans le domaine de l'astronomie, notamment en fournissant des images incroyablement détaillées des galaxies lointaines, en mesurant l'expansion de l'Univers et en découvrant de nouvelles planètes en dehors de notre système solaire.

Cependant, il existe également d'autres télescopes spatiaux, chacun spécialisé dans un domaine spécifique de l'astronomie. Le télescope spatial Spitzer, lancé en 2003, est spécialisé dans l'observation de l'univers dans l'infrarouge et a révélé des détails inédits sur les processus de formation des étoiles et des galaxies. Le télescope spatial Chandra, lancé en 1999, est spécialisé dans l'observation des rayons X et a permis de découvrir des objets tels que les trous noirs supermassifs et les étoiles à neutrons.

Un autre télescope spatial important est le télescope spatial James Webb, prévu pour être lancé en 2021. Il sera le télescope le plus puissant jamais construit et sera utilisé pour étudier l'histoire de l'Univers depuis ses débuts jusqu'à aujourd'hui. Il sera également utilisé pour étudier les atmosphères des exoplanètes en dehors de notre système solaire, dans l'espoir de découvrir des signes de vie extraterrestre.

Les télescopes spatiaux sont extrêmement coûteux à construire et à lancer, mais les informations et les images qu'ils fournissent sont inestimables pour notre compréhension de l'univers. Ils sont des outils essentiels pour les astronomes professionnels, mais ils ont également permis aux amateurs d'astronomie de découvrir des images incroyables de l'espace. Avec l'avancement de la technologie, nous pouvons nous attendre à de nouvelles découvertes et avancées incroyables grâce à ces télescopes spatiaux dans les années à venir.

Les défis de l'exploration spatiale et les technologies émergentes

L'exploration spatiale représente un défi technologique et financier sans précédent. Les missions spatiales nécessitent des investissements colossaux et des technologies de pointe pour réaliser des missions complexes et risquées. Cependant, les avantages de l'exploration spatiale sont nombreux et les technologies émergentes peuvent aider à résoudre certains des défis les plus urgents de notre temps.

Le principal défi de l'exploration spatiale est de permettre à l'homme de voyager dans l'espace en toute sécurité et de manière durable. Pour cela, de nombreuses technologies sont nécessaires, telles que les systèmes de propulsion avancés, les matériaux légers et résistants, les systèmes de survie autonomes et les systèmes de communication et de navigation performants. Les technologies émergentes telles que la propulsion électrique, la nanotechnologie et l'intelligence artificielle peuvent contribuer à relever ce défi en réduisant les coûts et en améliorant l'efficacité des missions.

Un autre défi majeur est la protection des astronautes contre les radiations cosmiques. Les rayonnements ionisants peuvent endommager les cellules et les tissus, augmentant le risque de cancer et d'autres maladies. Des solutions innovantes sont nécessaires pour protéger les astronautes des rayonnements, telles que des matériaux de blindage plus efficaces ou des moyens de dévier les rayonnements ionisants. Les technologies émergentes telles que les matériaux métamatériaux et la bio-ingénierie pourraient apporter des solutions à ce problème.

L'exploration spatiale peut également contribuer à résoudre certains des problèmes les plus urgents de notre temps, tels que le changement climatique, la sécurité alimentaire et les ressources naturelles limitées. Les technologies émergentes telles que l'agriculture en milieu fermé, la production d'énergie solaire dans l'espace et l'exploitation minière des astéroïdes pourraient offrir des solutions durables à ces problèmes.

Enfin, l'exploration spatiale peut inspirer une nouvelle génération de scientifiques et d'ingénieurs. Les missions spatiales ont captivé l'imagination des gens depuis des décennies, et ont stimulé l'innovation et la recherche scientifique dans de nombreux domaines. Les technologies émergentes telles que la réalité virtuelle et la réalité augmentée peuvent aider à rendre l'exploration spatiale plus accessible et à inspirer les jeunes générations à poursuivre une carrière dans les sciences et la technologie.

L'impact de l'astronomie sur la société et la culture

L'astronomie et la philosophie

L'astronomie et la philosophie ont une longue histoire commune. Depuis l'Antiquité, les philosophes se sont posé des questions sur la nature de l'Univers et notre place en son sein. L'astronomie, quant à elle, a fourni des réponses à certaines de ces questions, tout en en posant de nouvelles. Dans cette section, nous explorerons les liens entre l'astronomie et la philosophie, ainsi que les questions que les deux disciplines se posent.

L'astronomie a longtemps été considérée comme une branche de la philosophie naturelle, qui étudie les lois qui régissent l'Univers. Les premiers astronomes étaient également des philosophes, qui cherchaient à comprendre l'ordre du cosmos et le rôle de l'humanité dans celui-ci. Par exemple, les astronomes de la Grèce antique ont développé des modèles du monde qui ont influencé la pensée philosophique pendant des siècles.

De nos jours, l'astronomie est une discipline scientifique à part entière, qui utilise des méthodes empiriques et des observations pour comprendre l'Univers. Cependant, l'astronomie continue d'inspirer des réflexions philosophiques sur notre place dans l'Univers et la signification de notre existence. Les découvertes astronomiques ont souvent remis en question les croyances traditionnelles sur la nature de l'Univers et de la vie.

Une question philosophique importante soulevée par l'astronomie est celle de l'existence de la vie dans l'Univers. Les astronomes cherchent activement des signes de vie sur d'autres planètes, mais cela soulève également des questions sur la signification de la vie et sur notre place dans l'Univers. Si la vie existe ailleurs dans l'Univers, cela signifie-t-il que notre existence est moins spéciale et moins significative ?

L'astronomie peut également nous amener à réfléchir sur des sujets plus métaphysiques, tels que l'existence de Dieu et la nature de l'Univers. Les astronomes ont découvert des preuves convaincantes de l'existence du Big Bang, qui a donné naissance à l'Univers tel que nous le connaissons aujourd'hui. Cette découverte a soulevé des questions sur l'origine de l'Univers et sur la possibilité d'un créateur ou d'une force supérieure qui aurait déclenché le Big Bang.

En outre, l'astronomie peut également nous amener à réfléchir sur des sujets plus éthiques. Par exemple, l'observation des étoiles et des galaxies lointaines peut nous rappeler l'importance de protéger notre environnement et de préserver la beauté naturelle de notre planète. De même, la recherche de signes de vie extraterrestre soulève des questions sur la manière dont nous pourrions communiquer avec des êtres d'une culture et d'une intelligence différentes de la nôtre.

L'éducation et la vulgarisation en astronomie

L'éducation et la vulgarisation en astronomie sont des domaines essentiels pour permettre au grand public de comprendre et d'apprécier les merveilles de l'univers. C'est pourquoi de nombreux astronomes et scientifiques travaillent à rendre l'astronomie accessible à tous.

Pour cela, différentes approches ont été développées. L'une d'entre elles est l'organisation de conférences, de cours et d'ateliers pour les écoles, les collèges et les universités, ainsi que pour les groupes communautaires et les associations d'astronomie amateur. Ces événements permettent aux participants de découvrir les dernières découvertes en astronomie, de poser des questions aux experts et de s'engager dans des activités pratiques, telles que l'observation des étoiles et des planètes.

Une autre approche est la vulgarisation de l'astronomie à travers les médias, tels que les livres, les magazines et les sites web spécialisés. Les émissions de télévision et de radio sur l'astronomie ont également gagné en popularité ces dernières années, offrant au public une occasion unique d'en savoir plus sur l'univers.

Il est également important d'utiliser des techniques de communication efficaces pour transmettre des informations sur l'astronomie. Les analogies et les métaphores sont des outils utiles pour simplifier des concepts complexes. Par exemple, pour expliquer la relativité générale d'Einstein, on peut utiliser l'analogie d'une feuille de caoutchouc tendue qui se déforme sous le poids d'un objet, créant ainsi une courbure dans l'espace-temps.

Enfin, l'utilisation de logiciels informatiques tels que des planétariums virtuels et des simulateurs d'observation peut également aider à rendre l'astronomie plus accessible. Ces outils permettent aux gens de voir des phénomènes astronomiques difficiles à observer directement, comme les mouvements des planètes et des étoiles dans le ciel.

L'éducation et la vulgarisation en astronomie ont également un impact sur la culture et la société. L'astronomie a inspiré de nombreux artistes, écrivains et poètes au fil des siècles. Par exemple, les constellations ont été utilisées dans la mythologie et dans les récits populaires depuis l'Antiquité. Aujourd'hui, les représentations visuelles de l'univers sont utilisées dans des films et des œuvres de fiction pour inspirer l'imagination du public.

Les bases de l'observation du ciel pour l'astronome amateur

Les bases de l'observation à l'œil nu

L'observation à l'œil nu est la méthode la plus ancienne et la plus simple pour découvrir les merveilles du ciel nocturne. Elle ne nécessite aucun équipement coûteux, juste un peu de patience et de savoir-faire. Dans cette section, nous allons découvrir les bases de l'observation à l'œil nu et comment tirer le meilleur parti de cette méthode d'observation astronomique.

La première chose à savoir est que l'observation à l'œil nu est meilleure dans les endroits sombres et éloignés de toute pollution lumineuse. Si vous habitez en ville, il peut être difficile de trouver un endroit adéquat. Les parcs, les collines et les montagnes sont de bons endroits pour observer le ciel nocturne. Vous pouvez également contacter des clubs d'astronomie locaux pour connaître les meilleurs sites d'observation dans votre région.

Une fois que vous êtes sur place, vous pouvez commencer à observer le ciel. Les constellations sont le moyen le plus simple de se repérer dans le ciel nocturne. Elles sont des groupes d'étoiles qui ont été nommées d'après des formes ou des personnages mythologiques. Les constellations les plus célèbres incluent Orion, la Grande Ourse et Cassiopée. Les constellations sont souvent représentées dans des cartes du ciel, qui sont des outils utiles pour se repérer dans le ciel.

Les planètes sont également visibles à l'œil nu. Les cinq planètes visibles à l'œil nu sont Mercure, Vénus, Mars, Jupiter et Saturne. Elles sont souvent les objets les plus brillants dans le ciel nocturne, à l'exception de la Lune et du Soleil. Les planètes sont visibles à différents moments de l'année, donc il est important de consulter un calendrier astronomique pour savoir quand les observer.

Les étoiles sont également un sujet fascinant pour l'observation à l'œil nu. Les étoiles sont classées en fonction de leur magnitude, qui est une mesure de leur luminosité. Les étoiles les plus brillantes ont une magnitude négative, tandis que les étoiles les moins brillantes ont une magnitude positive. Les étoiles peuvent également être regroupées en constellations.

Le ciel nocturne offre également des phénomènes spectaculaires, comme les étoiles filantes et les aurores boréales. Les étoiles filantes, ou météores, sont des débris spatiaux qui brûlent en entrant dans l'atmosphère terrestre. Les aurores boréales sont des lumières colorées qui se produisent lorsque des particules solaires interagissent avec l'atmosphère terrestre.

Enfin, il est important de prendre soin de ses yeux pendant l'observation à l'œil nu. Les yeux ont besoin d'au moins 20 minutes pour s'adapter à l'obscurité, alors soyez patient. Évitez de regarder directement le Soleil ou tout autre objet lumineux, car cela peut causer des dommages permanents à la vision.

La carte du ciel et les constellations

La carte du ciel est un outil essentiel pour tout astronome, qu'il soit amateur ou professionnel. Elle représente une vue de la voûte céleste, avec toutes les étoiles et les constellations visibles depuis la Terre. Les cartes du ciel peuvent être utilisées pour identifier les étoiles et les constellations, planifier des observations et des séances d'observation, et même pour naviguer dans le ciel nocturne.

Les constellations sont des groupes d'étoiles qui sont reliées entre elles pour former des dessins dans le ciel. Il y a 88 constellations officielles reconnues par l'Union astronomique internationale, et chacune d'entre elles a son propre nom, son histoire et sa mythologie. Certaines des constellations les plus célèbres incluent la Grande Ourse, Orion et Cassiopée.

Les constellations peuvent aider les astronomes amateurs à naviguer dans le ciel. Par exemple, la Grande Ourse est facilement reconnaissable grâce à sa forme caractéristique de casserole, et elle peut être utilisée pour trouver d'autres constellations telles que la Petite Ourse et la Polaire. Orion est également une constellation très visible et facile à repérer grâce à ses trois étoiles alignées qui forment sa ceinture.

Les cartes du ciel peuvent être utilisées pour localiser des étoiles et des constellations spécifiques. Elles sont généralement divisées en sections qui représentent différents moments de la nuit et de l'année, afin de refléter les changements dans la position des étoiles au fil du temps. Les cartes du ciel modernes sont souvent produites sous forme numérique, ce qui permet aux utilisateurs de zoomer, de faire pivoter et de personnaliser leur vue du ciel.

Pour utiliser une carte du ciel, il est important de comprendre les concepts de base tels que la latitude et la longitude célestes, les coordonnées équatoriales, la magnitude des étoiles et les différents types de télescopes et d'instruments d'observation. Il est également utile de connaître les éphémérides des planètes, des comètes et d'autres objets célestes afin de pouvoir les repérer dans le ciel.

En fin de compte, la carte du ciel et les constellations peuvent être un outil fascinant pour explorer le ciel nocturne et en apprendre davantage sur l'astronomie. Que vous soyez un astronome amateur ou professionnel, l'utilisation de cartes du ciel et la connaissance des constellations peuvent enrichir votre expérience de l'observation et vous aider à découvrir les mystères de l'Univers.

Les mouvements apparents des astres

Les mouvements apparents des astres sont un sujet passionnant en astronomie, car ils nous permettent de comprendre comment les corps célestes se déplacent dans le ciel et comment leurs positions changent au fil du temps. Il y a plusieurs types de mouvements apparents, tels que la rotation, la révolution et la précession.

La rotation est le mouvement apparent d'un corps céleste autour de son axe. Par exemple, la Terre tourne sur elle-même en environ 24 heures, ce qui provoque l'apparition de la nuit et du jour. De même, la rotation de la Lune sur elle-même est synchronisée avec sa révolution autour de la Terre, de sorte qu'elle présente toujours la même face à notre planète.

La révolution est le mouvement apparent d'un corps céleste autour d'un autre corps céleste. Par exemple, la Terre tourne autour du Soleil en environ 365 jours, créant ainsi les saisons. De même, la Lune tourne autour de la Terre en environ 29 jours, créant ainsi les phases de la Lune.

La précession est le mouvement apparent d'un axe de rotation qui tourne lentement en cercle autour d'un point fixe. Par exemple, l'axe de rotation de la Terre effectue une précession complète tous les 26 000 ans environ, ce qui modifie la position des étoiles dans le ciel au fil du temps.

Ces mouvements apparents peuvent être observés et mesurés à l'aide d'instruments d'observation tels que les télescopes, les jumelles et les caméras. Ils sont également importants pour comprendre les phénomènes astronomiques tels que les éclipses, les conjonctions et les oppositions.

Les jumelles et les télescopes amateurs

Les jumelles et les télescopes amateurs sont des outils essentiels pour les astronomes amateurs qui cherchent à observer les merveilles du ciel nocturne. Les jumelles sont des instruments simples et portables qui peuvent offrir une vue impressionnante du ciel, tandis que les télescopes peuvent permettre une observation plus précise et détaillée des objets célestes. Dans cette section, nous allons explorer les différentes caractéristiques des jumelles et des télescopes amateurs, ainsi que les avantages et les limites de chaque outil.

Les jumelles sont des instruments optiques composés de deux lentilles qui permettent de grossir l'image. Les jumelles peuvent être utilisées pour observer la Lune, les planètes, les constellations, les étoiles et les amas d'étoiles. Elles offrent un champ de vision plus large que les télescopes et peuvent donc permettre d'observer des objets plus étendus comme la Voie lactée. Les jumelles peuvent également être utiles pour localiser des objets célestes avant de les observer au télescope. Les jumelles sont des instruments portables et peu coûteux, ce qui les rend accessibles à un large public.

Les télescopes, quant à eux, sont des instruments plus complexes qui utilisent des miroirs ou des lentilles pour collecter et concentrer la lumière. Les télescopes peuvent être utilisés pour observer des objets célestes plus éloignés et plus détaillés que les jumelles. Ils sont particulièrement utiles pour observer les planètes, les nébuleuses, les galaxies et les étoiles doubles. Les télescopes peuvent offrir des vues plus lumineuses et plus nettes des objets célestes, ainsi qu'une meilleure résolution. Les télescopes sont également plus précis que les jumelles, ce qui les rend plus adaptés pour l'observation des phénomènes astronomiques tels que les éclipses et les transits planétaires.

Il existe plusieurs types de télescopes, chacun avec ses propres avantages et inconvénients. Les télescopes réfracteurs utilisent des lentilles pour collecter la lumière, tandis que les télescopes réflecteurs utilisent des miroirs.

Les télescopes catadioptriques combinent des éléments réfractifs et réflectifs. Les télescopes Dobson sont des télescopes réflecteurs simples et peu coûteux qui offrent un grand diamètre et un champ de vision large, tandis que les télescopes à monture équatoriale permettent un suivi précis des objets célestes en mouvement.

Il est important de choisir le télescope approprié pour l'observation souhaitée. Les télescopes de plus gros diamètres collectent plus de lumière et permettent donc une observation plus détaillée des objets célestes. Cependant, ils peuvent être plus encombrants et plus difficiles à transporter. Les télescopes plus petits peuvent être plus portables, mais ils ont des limites quant à l'observation des objets célestes les plus faibles et les plus éloignés.

Les accessoires et les logiciels d'aide à l'observation

Dans cette section, nous allons explorer les accessoires et les logiciels d'aide à l'observation astronomique. Ces outils peuvent grandement améliorer l'expérience d'observation et aider les astronomes amateurs à découvrir davantage les merveilles de l'univers.

Les télescopes et les jumelles sont les outils les plus couramment utilisés pour l'observation astronomique, mais il existe de nombreux autres accessoires qui peuvent améliorer les performances de ces instruments. Les oculaires sont l'un de ces accessoires, et ils peuvent être utilisés pour ajuster la distance focale de l'instrument, ce qui permet d'obtenir des images plus nettes et plus détaillées. Il existe plusieurs types d'oculaires, chacun avec des caractéristiques différentes en termes de distance focale, de champ de vision et de grossissement. Les oculaires à grand champ de vision sont particulièrement utiles pour observer des objets étendus tels que les nébuleuses et les galaxies, tandis que les oculaires à haute puissance sont utiles pour observer des détails sur des objets plus petits tels que les planètes et la Lune.

Les filtres sont également couramment utilisés pour améliorer la visibilité de certains objets. Les filtres peuvent être utilisés pour bloquer certaines longueurs d'onde de la lumière, ce qui peut aider à améliorer le contraste et la visibilité de certains objets, comme les planètes, les nébuleuses et les galaxies. Les filtres de polarisation peuvent également être utilisés pour réduire l'éblouissement de la lumière du Soleil lorsqu'on observe des objets proches de lui.

Les logiciels d'aide à l'observation peuvent également être utiles pour les astronomes amateurs. Les cartes du ciel, par exemple, peuvent aider à localiser les constellations, les étoiles et les autres objets célestes, même dans les zones urbaines où la pollution lumineuse est importante. Les programmes de planification d'observation peuvent aider à planifier les sessions d'observation en fonction des conditions météorologiques, des phases de la lune et d'autres facteurs. Il existe également des applications mobiles qui permettent aux astronomes amateurs de localiser les objets célestes en temps réel en pointant simplement leur smartphone vers le ciel.

Les logiciels de traitement d'image sont également

importants pour les astronomes amateurs qui souhaitent améliorer la qualité de leurs images. Ces programmes permettent de corriger les distorsions et les défauts des images, d'augmenter le contraste et la netteté des objets, et même de combiner plusieurs images pour produire des images plus détaillées. Les logiciels de traitement d'image peuvent être utilisés pour améliorer les images capturées avec des télescopes, des caméras CCD et même des smartphones.

Enfin, il convient de noter que les accessoires et les logiciels d'aide à l'observation ne remplacent pas l'expérience et l'expertise de l'observateur. La meilleure façon de découvrir les merveilles de l'univers est de pratiquer l'observation régulièrement, de se familiariser avec les objets célestes et de développer ses compétences d'observation. Les accessoires et les logiciels ne doivent être utilisés que comme des outils complémentaires pour améliorer l'expérience d'observation.

L'astrophotographie

Les techniques de base de l'astrophotographie

L'astrophotographie est une discipline de l'astronomie qui consiste à capturer des images du ciel nocturne et des objets célestes. Elle peut être pratiquée par des astronomes amateurs comme professionnels, et permet de capturer des images détaillées et fascinantes de notre Univers. Dans cette section, nous allons examiner les techniques de base de l'astrophotographie.

Tout d'abord, il est important de choisir le bon équipement. Les photographes amateurs peuvent utiliser un appareil photo reflex numérique équipé d'un objectif grand-angle pour capturer des images du ciel nocturne. Les astronomes plus expérimentés peuvent utiliser des télescopes équipés de caméras CCD ou CMOS pour capturer des images détaillées des objets célestes.

Une fois l'équipement choisi, il est important de trouver un lieu d'observation approprié. Les zones rurales avec peu de pollution lumineuse sont les meilleurs endroits pour l'observation du ciel nocturne. Il est également important de prendre en compte les conditions météorologiques et d'observer lorsque le ciel est clair et dégagé.

Pour prendre des photos du ciel nocturne, il est important de régler correctement l'appareil photo ou la caméra. Il est recommandé d'utiliser une faible sensibilité ISO pour réduire le bruit de fond, une grande ouverture pour laisser entrer plus de lumière, et un temps d'exposition suffisamment long pour capturer les détails du ciel nocturne. Il est également important de régler correctement la mise au point, en utilisant la fonction de mise au point manuelle pour s'assurer que les étoiles sont nettes et claires.

Pour capturer des images détaillées des objets célestes, il est recommandé d'utiliser des techniques d'imagerie avancées, telles que la technique d'empilement d'images. Cette technique consiste à prendre plusieurs images du même objet céleste et à les combiner pour créer une image plus détaillée et plus nette. Il est également possible d'utiliser des filtres pour capturer des images de certaines longueurs d'onde, telles que les filtres H-alpha pour capturer des images de nébuleuses.

Enfin, il est important de traiter les images capturées pour obtenir le meilleur résultat possible. Le traitement des images implique l'utilisation de logiciels spécialisés pour ajuster la luminosité, le contraste, la balance des couleurs et d'autres paramètres pour créer une image nette et détaillée.

Les équipements pour l'astrophotographie

L'astrophotographie est une discipline fascinante de l'astronomie qui permet de capturer les merveilles du ciel nocturne et de les partager avec le monde. Les équipements nécessaires pour réaliser des images astrophotographiques varient en fonction des objets célestes que l'on souhaite photographier, mais voici les éléments de base dont on a besoin pour commencer :

Un appareil photo numérique : l'appareil photo doit être capable de prendre des poses longues de plusieurs secondes, voire plusieurs minutes, afin de capturer suffisamment de lumière pour des objets célestes faibles. Les appareils photo numériques modernes permettent généralement de régler la vitesse d'obturation et l'ISO, ce qui est essentiel pour la photographie astronomique.

Un trépied : un trépied stable est nécessaire pour éviter les vibrations qui peuvent entraîner des images floues. Le trépied doit être robuste et facile à régler pour pouvoir suivre les mouvements des astres.

Un objectif : le choix de l'objectif dépend de l'objet céleste que l'on souhaite photographier. Pour les objets larges tels que la Voie lactée, un objectif grand-angle est recommandé, tandis que pour les objets plus petits tels que les planètes, un objectif à longue focale est préférable.

Des filtres : les filtres peuvent être utilisés pour améliorer la qualité de l'image en réduisant la pollution lumineuse et en bloquant les longueurs d'onde spécifiques de la lumière qui peuvent interférer avec l'image.

Un ordinateur portable : un ordinateur portable est utile pour contrôler l'appareil photo à distance et pour capturer et traiter les images.

Une monture équatoriale motorisée : une monture équatoriale motorisée est essentielle pour suivre les mouvements des astres pendant les poses longues. La monture doit être capable de suivre les mouvements de la Terre pour éviter que les étoiles ne traînent sur les images.

Des logiciels d'astrophotographie : des logiciels spécialisés sont nécessaires pour contrôler l'appareil photo, capturer les images, les traiter et les empiler. Les logiciels les plus couramment utilisés pour l'astrophotographie sont PixInsight, DeepSkyStacker et Photoshop.

L'astrophotographie peut être un passe-temps coûteux, mais il est possible de commencer avec un équipement de base et de progresser au fil du temps. Il est important de prendre le temps de comprendre les principes de base de l'astrophotographie et de pratiquer régulièrement pour améliorer ses compétences. Avec de la patience, de la pratique et un équipement de qualité, il est possible de capturer les merveilles du ciel nocturne et de les partager avec le monde.

Le traitement des images en astrophotographie

La photographie est une technique d'observation essentielle en astronomie qui permet de capturer et d'enregistrer les images des objets célestes tels que les étoiles, les nébuleuses, les galaxies et les planètes. Les images peuvent être prises à l'aide de différents instruments, allant de simples appareils photo à des télescopes sophistiqués équipés de caméras haute résolution.

Le traitement des images en astrophotographie consiste en une série d'étapes pour améliorer la qualité et la clarté des images capturées. Tout d'abord, les images brutes doivent être corrigées pour éliminer les défauts liés aux instruments d'observation et à l'environnement, tels que le bruit de fond, les aberrations chromatiques et les déformations optiques.

Ensuite, les images corrigées peuvent être traitées pour améliorer leur contraste, leur netteté et leur résolution. Cela peut être fait en utilisant des techniques de traitement d'image telles que l'empilement d'image, la convolution, le filtrage et la déconvolution.

L'empilement d'image consiste à combiner plusieurs images d'un même objet céleste pour augmenter la résolution et le rapport signal/bruit. Cette technique permet également de compenser les défauts de suivi, en alignant les images pour qu'elles correspondent parfaitement les unes aux autres.

La convolution et le filtrage sont des techniques utilisées pour améliorer la netteté et la résolution des images. La convolution consiste à appliquer un noyau mathématique à l'image pour renforcer les bords et les détails, tandis que le filtrage permet de supprimer le bruit et les artefacts de l'image.

Enfin, la déconvolution est une technique avancée qui permet de récupérer les détails perdus lors de la prise de vue en supprimant les effets de flou et de diffraction causés par les instruments d'observation.

Il convient de noter que le traitement des images en astrophotographie est un domaine complexe qui nécessite une connaissance approfondie de la physique et des mathématiques, ainsi que l'utilisation de logiciels spécialisés tels que Photoshop, PixInsight, IRIS et DeepSkyStacker.

Rencontrer d'autres Astronogeek

Les clubs et les associations d'astronomie amateur

Les clubs et les associations d'astronomie amateur offrent une opportunité unique aux passionnés d'astronomie de se rassembler, de partager leur intérêt pour l'observation du ciel et de s'enrichir mutuellement sur le sujet. Ces groupes constituent un excellent point de départ pour les débutants qui souhaitent en apprendre davantage sur l'astronomie et pour les amateurs confirmés qui cherchent à s'engager dans des projets plus complexes.

Les clubs d'astronomie amateur offrent une variété d'activités qui incluent des soirées d'observation, des conférences, des ateliers pratiques, des sorties sur le terrain et des projets de recherche. Les membres ont l'occasion de rencontrer d'autres passionnés d'astronomie, d'échanger des idées, de partager des astuces et de profiter des connaissances et de l'expertise des autres membres.

Ces clubs sont souvent animés par des bénévoles expérimentés, qui partagent leur savoir et leur passion pour l'astronomie avec les membres du groupe. Ils peuvent également offrir un soutien et des conseils pratiques sur l'achat d'équipement d'observation, sur les techniques d'astrophotographie et sur la participation à des projets de recherche.

En plus des clubs locaux, il existe également des associations d'astronomie amateur nationales et internationales qui rassemblent des membres de partout dans le monde. Ces associations organisent souvent des événements spéciaux, des projets de recherche à grande échelle et des compétitions qui permettent aux membres de se connecter avec d'autres passionnés d'astronomie et de participer à des projets plus ambitieux.

Les clubs et les associations d'astronomie amateur peuvent également jouer un rôle important dans l'éducation et la vulgarisation de l'astronomie auprès du grand public. Ils organisent souvent des événements publics, des présentations scolaires et des visites guidées d'observatoires pour sensibiliser le public à l'importance de l'astronomie et pour promouvoir la science auprès des jeunes.

En somme, les clubs et les associations d'astronomie amateur sont un moyen fantastique de rencontrer d'autres passionnés d'astronomie, de se connecter avec des experts, de participer à des projets de recherche et de sensibiliser le public à la beauté et à l'importance de l'astronomie. Si vous êtes intéressé par l'observation du ciel et que vous cherchez une communauté pour partager votre passion, rejoindre un club d'astronomie amateur est une excellente option.

Les événements et les rencontres d'astronomie

Les événements et les rencontres d'astronomie offrent une opportunité unique pour les amateurs d'astronomie et les professionnels de se rencontrer et d'échanger leurs connaissances. Ces événements sont également une occasion pour les passionnés d'astronomie de découvrir les dernières avancées et les nouvelles technologies dans le domaine.

Le plus grand événement d'astronomie au monde est la conférence annuelle de l'American Astronomical Society (AAS), qui rassemble des milliers de chercheurs et de professionnels de l'astronomie du monde entier pour discuter des dernières recherches et des nouvelles découvertes. Les conférences de l'AAS sont un excellent moyen pour les professionnels de réseauter et de collaborer sur des projets futurs.

Les amateurs d'astronomie peuvent également assister à des événements tels que des journées portes ouvertes dans les observatoires, des soirées d'observation en groupe, des conférences publiques, des expositions d'instruments astronomiques et des ateliers d'astrophotographie. Ces événements sont souvent organisés par des clubs et des associations d'astronomie locaux, qui cherchent à promouvoir l'astronomie auprès du grand public et à encourager l'intérêt pour cette discipline.

Les festivals d'astronomie sont également très populaires, notamment le célèbre Festival de la Cité des Étoiles à Fleurance en France, qui propose des ateliers pour enfants, des conférences, des projections de films, des expositions d'instruments astronomiques et des observations du ciel nocturne.

En plus des événements physiques, les rencontres d'astronomie peuvent également avoir lieu en ligne.

Les webinaires et les chats en direct permettent aux passionnés d'astronomie du monde entier de discuter et de poser des questions aux professionnels de l'astronomie. Les forums en ligne et les groupes de discussion sur les réseaux sociaux offrent également une plate-forme pour les échanges d'informations et les discussions sur des sujets astronomiques variés.

L'implication des amateurs dans la recherche astronomique

L'astronomie est une science qui passionne de nombreux amateurs du monde entier. Mais loin d'être de simples observateurs, ces derniers peuvent apporter une véritable contribution à la recherche astronomique. En effet, les amateurs peuvent aider les astronomes professionnels dans de nombreux domaines, en utilisant leur propre équipement pour prendre des mesures précises ou encore en participant à des projets de recherche.

L'observation des étoiles variables est l'un des domaines où les amateurs peuvent contribuer de manière significative à la recherche astronomique. En surveillant régulièrement la luminosité des étoiles, les amateurs peuvent aider à identifier de nouveaux types d'étoiles variables ou encore à mieux comprendre l'évolution des étoiles. De même, la recherche de nouvelles comètes est une activité qui peut être effectuée par des amateurs, en utilisant des télescopes de petite taille pour explorer les régions du ciel les plus propices à la découverte de ces objets.

Les amateurs peuvent également aider à confirmer ou à infirmer les découvertes récentes des astronomes professionnels, en comparant leurs observations avec celles des professionnels et en signalant toute différence ou incohérence. Ils peuvent également aider à améliorer la précision des mesures, en utilisant leur propre équipement pour prendre des mesures de photométrie ou de spectroscopie, par exemple.

En outre, il existe des projets de recherche qui impliquent directement la participation des amateurs. Le projet Zooniverse est un exemple de tel projet. Il permet aux amateurs de classer des images d'objets astronomiques à grande échelle, ce qui aide les astronomes professionnels à identifier de nouveaux types d'objets et à découvrir de nouvelles structures dans l'Univers. Les amateurs peuvent également participer à des projets de recherche de planètes extrasolaires, en aidant les scientifiques à trier les données obtenues à partir de télescopes spatiaux tels que Kepler ou TESS.

Enfin, les amateurs peuvent contribuer à la recherche en utilisant des techniques d'astrophotographie pour produire des images de haute qualité d'objets astronomiques. Ces images peuvent être utilisées par les astronomes professionnels pour étudier la structure et la composition des objets, ainsi que pour mieux comprendre les processus physiques qui se produisent dans l'Univers. Les amateurs peuvent également aider à détecter de nouveaux phénomènes, tels que des novae ou des supernovae, en comparant leurs images avec celles des professionnels et en signalant toute variation inhabituelle.

Défis et les perspectives d'avenir en astronomie

Les grands projets astronomiques et les missions spatiales

L'astronomie est une science en constante évolution, qui nous révèle de plus en plus chaque année sur l'univers qui nous entoure. Les projets astronomiques et les missions spatiales jouent un rôle crucial dans cette progression. Dans cette section, nous allons passer en revue certains des projets les plus ambitieux en cours dans le domaine de l'astronomie et de l'exploration spatiale.

Le premier projet dont nous allons parler est le télescope spatial James Webb, qui est en cours de construction depuis plus de 20 ans. Ce télescope sera le successeur du télescope spatial Hubble et sera lancé en 2021. Il sera équipé d'un miroir beaucoup plus grand que celui de Hubble et sera capable d'observer les premières galaxies qui se sont formées après le Big Bang. Le télescope James Webb sera également capable de détecter des atmosphères d'exoplanètes et d'analyser leur composition chimique, ce qui nous aidera à mieux comprendre comment la vie peut émerger dans l'univers.

Un autre projet en cours est le télescope géant de Magellan (GMT). Ce télescope est en construction au Chili et aura un miroir de 25 mètres de diamètre. Le GMT sera capable de collecter 10 fois plus de lumière que tout autre télescope actuel, ce qui lui permettra d'observer des objets très faibles et éloignés. Il sera utilisé pour étudier des phénomènes tels que les trous noirs supermassifs et les galaxies lointaines.

La mission Euclid de l'Agence spatiale européenne est un autre projet ambitieux en cours. Euclid a pour objectif d'étudier l'énergie sombre et la matière noire, deux composantes mystérieuses de l'univers. Euclid cartographiera l'univers en 3D en utilisant des observations de plus de 1 milliard de galaxies et de quasars. Cette mission permettra de mieux comprendre l'évolution de l'univers et de trouver des réponses à certaines des questions les plus fondamentales de la cosmologie.

La NASA est également en train de développer une mission pour envoyer des humains sur Mars dans les années 2030. Cette mission, appelée Artemis, prévoit également de retourner sur la Lune pour y établir une présence permanente. La NASA travaille également sur des missions robotiques pour explorer les lunes de Jupiter et de Saturne, qui sont considérées comme des candidats pour héberger la vie.

Enfin, la mission Breakthrough Starshot est un projet audacieux qui vise à envoyer de minuscules vaisseaux spatiaux propulsés par des lasers vers l'étoile la plus proche, Alpha Centauri. Ces vaisseaux atteindraient une vitesse de 20% de la vitesse de la lumière et pourraient atteindre leur destination en seulement 20 ans. Cette mission pourrait révolutionner notre compréhension de l'univers et nous aider à répondre à des questions fondamentales sur la vie et l'existence humaine.

Les enjeux environnementaux et la protection du ciel nocturne

La protection du ciel nocturne est un sujet d'une importance capitale, qui concerne à la fois l'astronomie, l'environnement, la culture et l'esthétique. En effet, la pollution lumineuse causée par l'éclairage artificiel excessif a des effets néfastes sur la santé des êtres vivants, perturbe leur cycle de vie et altère la qualité du ciel nocturne.

Dans un premier temps, il est important de prendre en compte les impacts environnementaux de la pollution lumineuse. Les animaux et les plantes sont affectés par les changements de lumière artificielle, ce qui peut perturber leur cycle de vie et leur reproduction. Les oiseaux migrateurs, par exemple, peuvent être désorientés par les lumières de la ville et perdre leur sens de l'orientation. De plus, la pollution lumineuse peut également avoir des effets sur les écosystèmes et la biodiversité en général. En réduisant la pollution lumineuse, nous pouvons contribuer à préserver notre environnement et notre patrimoine naturel.

Par ailleurs, la pollution lumineuse a également des effets sur la santé humaine. Des études ont montré que l'exposition à la lumière artificielle peut perturber le sommeil et augmenter le risque de maladies telles que le cancer, le diabète et l'obésité. Les travailleurs de nuit, les personnes vivant dans des zones urbaines très éclairées et les enfants sont particulièrement vulnérables à ces effets. En réduisant la pollution lumineuse, nous pouvons améliorer la qualité de vie des populations.

En termes d'astronomie, la pollution lumineuse rend difficile l'observation des objets célestes, ce qui est préjudiciable à la recherche scientifique. Les astronomes sont obligés de se déplacer dans des zones reculées pour effectuer leurs observations, ce qui est souvent coûteux et difficile. Cela peut également affecter la qualité des observations et la capacité des astronomes à détecter des objets célestes faibles. En réduisant la pollution lumineuse, nous pouvons garantir que les astronomes ont accès à des observations de qualité et continuer à faire des découvertes importantes.

Outre ces aspects pratiques, la protection du ciel nocturne a également des implications culturelles et esthétiques. Le ciel étoilé est un patrimoine commun que nous devons préserver pour les générations futures. Les étoiles et les constellations ont inspiré l'art, la littérature et la poésie depuis des milliers d'années, reflétant l'importance que les êtres humains ont attaché à la contemplation du ciel nocturne. En protégeant le ciel nocturne, nous pouvons préserver une partie importante de notre patrimoine culturel et esthétique, ainsi que stimuler la créativité et l'imagination des générations futures.

La coopération internationale et les initiatives citoyennes en astronomie

La coopération internationale en astronomie est un aspect crucial pour les avancées et les découvertes dans ce domaine. Les astronomes, les institutions et les gouvernements travaillent ensemble pour atteindre des objectifs communs et développer des projets ambitieux. Cette coopération permet une utilisation plus efficace des ressources et des compétences, tout en offrant une plus grande compréhension de l'Univers.

Les initiatives citoyennes sont également devenues de plus en plus importantes dans la promotion de l'astronomie. Les groupes d'observateurs amateurs et les associations sont des acteurs clés dans la sensibilisation du public à l'astronomie et dans l'encouragement des jeunes à explorer leur passion pour les sciences de l'espace. Ces initiatives contribuent également à la découverte de nouveaux phénomènes astronomiques et à l'amélioration des données recueillies.

La collaboration internationale en astronomie est régulièrement observée à travers des projets de grande envergure tels que l'Observatoire européen austral (ESO) et le télescope spatial Hubble, qui ont vu la participation de plusieurs pays. Les gouvernements travaillent ensemble pour financer ces projets et pour échanger des compétences et des connaissances.

Ces collaborations ont permis des découvertes majeures, telles que la découverte de l'énergie noire et de la matière noire, ainsi que la confirmation de l'existence des ondes gravitationnelles prédites par la théorie de la relativité générale d'Einstein. Ces découvertes n'auraient pas été possibles sans la coopération internationale en astronomie.

Les initiatives citoyennes en astronomie sont également en augmentation, avec de nombreux groupes amateurs et associations offrant des programmes éducatifs et de vulgarisation de l'astronomie. Ces groupes encouragent les jeunes à explorer leur passion pour les sciences de l'espace et à s'engager dans des activités pratiques d'observation du ciel. Ils jouent également un rôle important dans la collecte de données sur les événements astronomiques rares.

Les initiatives citoyennes ont également été impliquées dans la découverte de nouvelles exoplanètes, avec de nombreux groupes amateurs de chasseurs de planètes qui travaillent en collaboration avec des astronomes professionnels pour observer et confirmer la découverte de ces mondes lointains. Ces collaborations démontrent l'importance de la contribution des citoyens dans l'exploration et la compréhension de notre univers.

En fin de compte, la coopération internationale et les initiatives citoyennes en astronomie sont des éléments clés dans la promotion de l'exploration spatiale et la compréhension de l'Univers. Ils permettent une utilisation efficace des ressources, l'échange de compétences et de connaissances, et la promotion de l'astronomie auprès du public. Ces collaborations sont essentielles pour atteindre les objectifs ambitieux de l'astronomie moderne, notamment la recherche de la vie extraterrestre et la compréhension de l'origine et de l'évolution de l'Univers.

Remerciement

Cher lecteur,

Je suis empli d'émotion et de nostalgie d'avoir pu vous présenter cet ouvrage sur l'astronomie. Je vous remercie du fond du cœur pour votre intérêt et votre curiosité envers ce sujet passionnant qui m'anime au quotidien.

Je tiens également à remercier toutes les personnes qui ont contribué à la réalisation de cet ouvrage, depuis les spécialistes en sciences de l'espace jusqu'aux soutien indéfectible de mon entourage. Sans leur aide, ce projet n'aurait jamais pu voir le jour.

J'espère que cette lecture vous a permis de découvrir ou redécouvrir les merveilles de l'Univers qui nous entoure. J'ai essayé de vous présenter les concepts les plus complexes de manière simple et compréhensible, tout en veillant à l'exactitude des informations présentées.

Je suis convaincu que la découverte de l'astronomie peut changer notre perspective sur le monde qui nous entoure. En observant les étoiles et les planètes, nous pouvons mieux comprendre notre place dans l'Univers et l'importance de protéger notre planète.

J'espère que ce livre vous a donné l'envie d'en savoir plus et de poursuivre votre propre exploration de l'astronomie. N'hésitez pas à rejoindre des clubs d'astronomie ou à participer à des événements d'observation pour continuer à apprendre et à découvrir.

Enfin, j'espère que vous avez ressenti ma passion pour ce sujet tout au long de ces pages. Pour moi, l'astronomie est bien plus qu'une simple science, c'est une manière de vivre et de voir le monde.

Merci encore pour votre lecture et j'espère que ce livre vous accompagnera dans votre propre exploration de l'Univers.

Bien à vous,